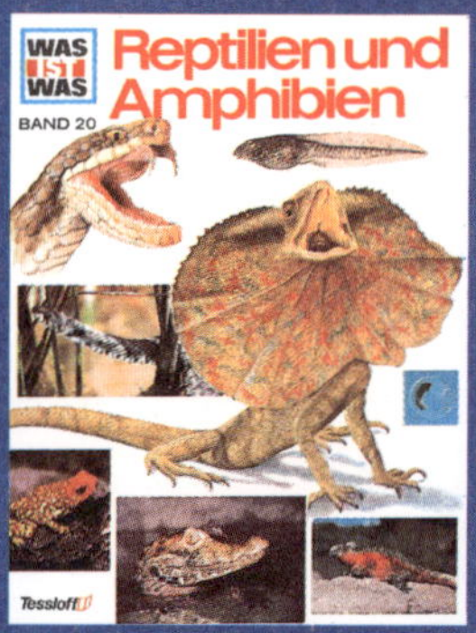

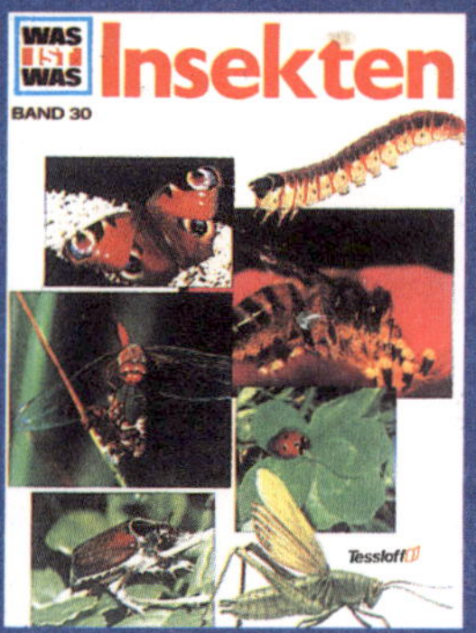

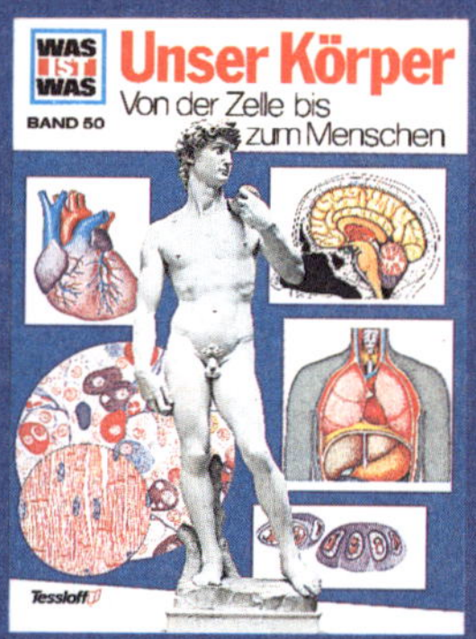

Weitere Titel siehe letzte Seite.

Ein WAS IST WAS Buch

Natur-katastrophen

Von Hans Reichardt

Illustrationen von Anne-Lies Ihme und Gerd Werner

Als im Jahre 1973 der isländische Vulkan Helgafjell ausbrach, gingen viele Häuser der kleinen Hafenstadt Vestmannaeyar verloren.

Tessloff Verlag

Vorwort

Wir Menschen glauben nur zu gern, wir hätten uns die Erde untertan gemacht, wir hätten sie besiegt. Der Anschein gibt uns recht: Um die Oberfläche unseres Planeten haben wir ein fast unendliches Band von bequemen Straßen und glitzernden Schienensträngen gelegt, wir bohren die Erde an und holen Öl, Gas und Kohle aus ihrem Inneren, und wir erheben uns in Flugzeugen in den weiten Himmel, als habe es die Anziehungskraft der Erde nie gegeben. Und zu alledem hält die Erde geduldig still. So haben wir uns angewöhnt, unseren heimatlichen Globus dankbar „Mutter Erde" zu nennen, weil er uns alles gibt, was wir zum Leben brauchen.

Aber dieses Bild trügt. Die Erde ist durchaus nicht so ruhig und gutmütig, wie wir glauben. In ihrem Inneren brodelt glutflüssiges Gestein, in den Wassern der Ozeane lauern gewaltige Kräfte, und um den Erdball herum treiben Stürme ihr für uns Menschen oft tödliches Spiel.

Von Zeit zu Zeit gibt die Erde immer wieder einen Beweis ihrer ungeheuren Kraft: Da explodiert ein Berg und schleudert viele Millionen Tonnen glühender Lava in die Luft, da bebt die Erde und läßt große Gebäude zusammenstürzen wie Kartenhäuser, und da zeigen riesige Wellen und gewaltige Stürme ihre ungebändigte Kraft – Tausende, manchmal Hunderttausende von Menschen müssen sterben.

Von solchen Naturkatastrophen ist in diesem WAS IST WAS-Buch die Rede. Mit vielen Fotos und Zeichnungen werden hier die größten Katastrophen, von denen die Menschheit betroffen wurde, erzählt und erklärt. Der junge Leser erfährt, wie es dazu kam und wie man sich – vielleicht – davor schützen kann.

Dieses Buch zeigt aber auch, wie unberechenbar unsere Erde ist: Gerade zu der Zeit, da das Buch gedruckt wurde, erschütterte ein schweres Beben Belgien, die Niederlande und das Bundesland Nordrhein-Westfalen, ein Gebiet also, das bisher als besonders erdbebensicher galt.

Wir haben allen Grund, unserer Erde dankbar zu sein, weil sie uns alles schenkt, was wir zum Leben brauchen. Aber wir haben auch allen Grund, großen Respekt vor den Naturgewalten zu haben, die uns immer wieder und überall bedrohen können.

WAS IST WAS, Band 74

Dieses Buch ist auf chlorfrei gebleichtem Papier gedruckt.

Fotos: Archiv für Kunst und Geschichte (2), Bildarchiv Preußischer Kulturbesitz (1), Blieffert (2), dpa (2), Historia-Photo (1), Italienisches Kulturinstitut Hamburg (2), Keystone (2), stern (5), Süddeutscher Verlag (2), Ullstein (1), US-Informations-Service (7), V-Dia Verlag (4), ZEFA (1)

ISBN 3-7886-0414-X

Inhalt

Wenn die Erde bebt

Wodurch wurde Lissabon zerstört?

Am 1. November 1755 feierte das katholische Lissabon wie jedes Jahr das Fest „Allerheiligen". Die Straßen waren geschmückt, alle Kirchen bis auf den letzten Platz besetzt. Nach dem Gottesdienst wollten die Gläubigen in einer feierlichen Prozession die Abbilder der Heiligen durch die Straßen der portugiesischen Hauptstadt tragen.

Aber die Prozession fand nicht statt. Um 9.20 Uhr begann die ganze Stadt zu beben, und – so berichtete später ein Au-

Bei einem Erdbeben im Jahr 1755 kamen in der portugiesischen Hauptstadt Lissabon 32 000 Menschen um.

genzeuge – die hohen Kirchtürme „wogten wie ein Ährenfeld im Wind". Kaum aber hatte sich die Erde beruhigt, setzte, nur wenige Sekunden später, ein weiteres, noch heftigeres Beben ein: Kirchtürme stürzten auf Kirchendächer, Häuser fielen in sich zusammen und begruben Hunderte, ja Tausende unter den Trümmern. Durch das Grollen des Erdbodens und das Krachen einstürzender Gebäude hörte man das Schreien und Klagen der Verletzten und der Sterbenden. Und über der Stadt breitete sich eine riesige bleigraue Staubwolke aus wie ein Leichentuch.
Die, die sich aus den zusammengebro-

chenen Häusern hatten retten können, stürzten schreckensbleich auf die Straßen. Sie liefen zum Fluß Tejo und zum Hafen, weil sie glaubten, dort Rettung zu finden. Das war ein entsetzlicher Irrtum: Zwar hatte sich das Wasser des Flusses nach dem ersten Beben bis zu seiner Mündung in den Ozean zurückgezogen, das Hafenbecken lag trocken da; die Schiffe, die dort geankert hatten, waren seitlich auf den Schlick gekippt. Aber nun kam das Wasser zurück: Haushohe Sturzfluten rasten auf

Dieses zeitgenössische Flugblatt zeigt, wie das Erdbeben mit Feuer und Wasser die reiche Stadt Lissabon am Tejo zerstörte.

die Stadt zu, warfen große, vollbeladene Dreimaster an die Kaimauer, als wären es Spielzeugschiffe; dann hatten die Wogen das Stadtzentrum erreicht. Sie ergossen sich in das Gewirr der engen Straßen und Gassen, diese wurden in Sekunden zu reißenden Strömen, die alles, was sich ihnen entgegenstellte, unter sich begruben.

Lissabon, eine der reichsten und schönsten Städte der Welt, ein Mittelpunkt des Handels, des Glaubens und der Künste, hatte sich in wenigen Minuten in einen Trümmerhaufen verwandelt.

Wie entstand der große Brand?

Aber noch war die Katastrophe nicht überstanden. In den Kirchen waren brennende Kerzen zu Boden gefallen, in den Wohnhäusern Herde und Öfen geborsten. Möbel und Kleidung fingen Feuer, zahllose Häuser gerieten in Brand. Binnen Minuten flackerten Hunderte von Bränden auf – was Beben und Wasser stehen gelassen hatten, ging nun in Flammen auf.

32 000 Menschen fanden in den eingestürzten Häusern, in den Fluten des Tejo und im Feuer den Tod.

Aber nicht nur Lissabon war von der Katastrophe betroffen. Ganz West- und Mitteleuropa zitterte und schwankte, in Luxemburg stürzte eine Kaserne in sich zusammen und begrub 500 Soldaten unter sich. Und noch in Nordafrika forderte das Beben seine Opfer: Rund 10 000 Menschen, so schätzte man später, starben dort in den Trümmern eingestürzter Gebäude.

Die ganze Welt blickte erschüttert auf

Aus Dankbarkeit für die Rettung seiner Tochter aus einem eingestürzten Haus ließ ein Bürger von Lissabon nach dem Erdbeben 1755 dieses Bild malen und widmete es der Mutter Gottes.

die Stätten der Vernichtung, und sogleich erhoben die Priester ihre mahnenden Stimmen. Das Beben sei die Strafe Gottes für die Sünden der Menschen, sagten sie, und sie verwiesen auf die Alten Griechen, die schon Jahrtausende früher den Zorn der Götter, insbesondere den des „Erderschütterers" Poseidon, für Erdbeben und ähnliche Katastrophen verantwortlich gemacht hatten. „Gedenkt eurer Sünden", mahnten die Geistlichen und forderten zu Buße und Reue auf. Erdbeben als Strafgericht Gottes – davon waren die meisten Menschen der damaligen Zeit überzeugt.

Wie bewegt sich die Erde bei einem Erdbeben?

Aber nicht alle gaben sich mit dieser Erklärung zufrieden. Da war zum Beispiel der amerikanische Astronom und Mathematik-Professor John Winthrop. Ihm waren Erdbeben nichts Fremdes: 17 Tage nach dem Beben von Lissabon war seine Heimatstadt Boston von einer Reihe heftiger Erdstöße erschüttert worden, und dabei hatte der Gelehrte eine interessante Beobachtung gemacht: Eine Uhr, die auf einem Kaminsims stand und bei dem Beben herunterfiel, landete um einige Zentimeter seitlich versetzt auf dem Boden. Da die Uhr, so schloß Winthrop, zweifellos nicht anders als senkrecht heruntergefallen sein konnte, mußte sich die Erde seitlich fortbewegt haben. Einige Tage später, während eines kurzen Nachbebens, sah er, daß sich die Pflastersteine der Straße, auf der er gerade spazierenging, kurz hoben und senkten – aber nicht, wie man hätte erwarten sollen, alle gleichzeitig, sondern in einer bestimmten Richtung nacheinander. Es sah aus, berichtete Winthrop später, wie eine Wasserwelle, die sich auf ein Ufer zu bewegt. Erdbeben als Wellenbewegung – mit dieser Erkenntnis begann die Wissenschaft von den Erdbeben, die „Seismologie".

Wie errechnet man die Geschwindigkeit der Bebenwellen?

Wenig später veröffentlichte der britische Pfarrer John Michell seine Untersuchungen und Schlußfolgerungen über den Charakter eines Erdbebens, die die Wissenschaft der Seismo-

Als die süditalienische Region Kalabrien im Jahr 1783 von einem schweren Beben heimgesucht wurde, hob und senkte sich der Erdboden wie die Wellen des Meeres; zeitgenössische Darstellung.

logie ein gutes Stück voranbrachten. Auch Michell war Augenzeuge eines Bebens gewesen: Fünf Jahre vor der Katastrophe von Lissabon war London von zwei Beben erschüttert worden. Zwar waren sie nicht sehr stark, sie ließen nur Fensterscheiben brechen, Möbel knarren, und jagten Menschen auf die Straße. Aber Michell hatte dabei bemerkt, daß jedes Beben aus wenigstens zwei Stößen bestand, aus einem leichteren, meist harmlosen Vorbeben und einem zweiten starken Beben, das erst die Schäden verursachte. Weiter stellte Michell fest, daß die einzelnen Bebenstöße an verschiedenen Orten zu verschiedenen Zeiten eintrafen, daß sich die Stöße also, wie es schon Winthrop behauptet hatte, wie Wellen ausbreiteten.

Michell hatte eine Idee: Aus den Ankunftszeiten einer Bebenwelle an zwei verschiedenen, weit voneinander entfernten Orten müßte man, so überlegte er, das Tempo errechnen können, mit dem sich die Wellen ausbreiten. Auf Grund von Augenzeugenberichten errechnete er die Geschwindigkeit mit etwa 1800 km pro Stunde. Heute wissen wir, daß die Geschwindigkeit nicht konstant ist, sondern von der Gesteinsart abhängt, die die Wellen durchqueren. Aber für damalige Verhältnisse war Michells Berechnung eine erstaunliche Leistung.

Was ist das Epizentrum?

Und er ging noch weiter: Auf einer Karte trug er die Richtungen ein, in denen sich die Erdbebenwellen an verschiedenen Orten ausgebreitet hatten. Dabei sah er, daß die Wellen nicht parallel liefen, sondern sternförmig von ein und demselben Punkt kamen, dem „Epizentrum". Es liegt auf der Erdoberfläche genau über dem „Hypozentrum", der Stelle im Erdinneren, an der das Beben entsteht. Im Epizentrum gibt es die schwersten Verwüstungen.

Fast 80 Jahre lang blieb es nun ruhig in der jungen Wissenschaft der Seismologie. Dabei hätte es genug Grund gegeben, sich mit der „zitternden Erde" zu befassen: Im Februar 1783 wurde Süditalien von mehreren Beben erschüttert, 100 000 Menschen fanden den Tod; und nur 14 Jahre später forderte ein Beben in Quito (Ekuador) 40 000 Opfer. In beiden Fällen wurden zwar wissenschaftliche Kommissionen eingesetzt, die die Katastrophen zu erfassen und zu erklären versuchten. Aber für die Seismologie blieb ihre Arbeit ohne Erfolg.

Wo gibt es Erdbeben?

Der nächste, der die Erdbebenforschung ein großes Stück voranbrachte, war der Ire Robert Mallet (1810–1881). Der Dubliner war ein genialer Ingenieur. Er baute Bahnhöfe und Brücken, Leuchttürme und Zentralheizungen, und er goß Kanonenrohre für die britische Armee. Um 1830 begann er sich für Erdbeben zu interessieren. 20 Jahre lang sammelte er, was er Gedrucktes über Erdbeben bekommen konnte. Als er schließlich eine riesige Spezialbibliothek zusammenhatte, stellte er eine lange Liste mit allen Erdbeben auf, von denen er erfahren hatte. Fast 7000 Beben standen auf seiner Liste; und als er sie alle auf einer großen Erdkarte einzeichnete, stellte er zu seinem Erstaunen fest, daß es bestimmte Gebiete gab, die immer wieder von kleinen und großen Beben heimgesucht

Als Michell die Stoßrichtungen der Bebenwellen auf einer Karte eintrug, sah er, daß sie alle sternförmig von ein und demselben Punkt ausgegangen waren – dem „Epizentrum“, das genau senkrecht über dem Erdbebenherd im Erdinneren liegt.

wurden, während andere Regionen völlig verschont blieben.
Um die Ursache dafür herauszufinden, beschloß Mallet, das Wesen der Bebenwellen zu erforschen. Da seine Heimatstadt Dublin zu den fast bebensicheren Gebieten gehörte, stellte er Bebenwellen künstlich her: Er vergrub Pulverladungen in die Erde und stellte eine Meile entfernt einen oben offenen Behälter auf, der mit Quecksilber gefüllt war. Neben diesem Behälter stehend, zündete er das Pulver über ein elektrisches Kabel und drückte dabei eine Stoppuhr. Nun konnte er genau feststellen, wie lange es dauerte, bis sich das Quecksilber an seiner Oberfläche zu kräuseln begann, wie lange also die Bebenwellen gebraucht hatten, um eine Meile zu durchlaufen.

Diese Versuche führte Mallet mehrere Male durch, auf sandigem, auf steinigem und auf noch anderem Untergrund. Und er fand, was er erwartet hatte: Die Wellen pflanzten sich in verschiedenen Materialien verschieden schnell fort. Am langsamsten sind sie in Sandboden (900 km/h), am schnellsten in Granit (1800 km/h).

Wie schnell sind die Bebenwellen?

Mallet forschte weiter. Als im Jahr 1857 südlich von Neapel ein Erdbeben mehrere Dörfer vernichtete, reiste er sofort nach Italien und untersuchte die betroffenen Gebiete. Er vermaß Risse in Mauern und Wänden, er notierte, wo eine Säule gebrochen und in welcher Richtung sie umgestürzt war. Er sprach mit Augenzeugen und kletterte in den Ruinen der eingestürzten Häuser herum, um auch die kleinste Spur des Bebens aufzeichnen und prüfen zu können.

An Holzbauten läßt sich die Stoßrichtung der Bebenwellen besonders gut beobachten: Bei diesen beiden Pavillons (links) in Katmandu (Nepal) hat einer das Beben unbeschädigt überstanden, der andere hat sich in Richtung der Wellen verschoben.

Nicht Feldgeschrei und Posaunen, wie die Bibel sagt, sondern ein Erdbeben brachte die Mauern von Jericho (unten) zum Einsturz – das glauben zwei amerikanische Seismologen nach ausgedehnten Untersuchungen und dem Studium alter Dokumente.

Bei dieser Arbeit kam ihm seine berufliche Erfahrung zugute: Als Baufachmann konnte er ausrechnen, wie stark die Kräfte gewesen sein mußten, die solch ungeheure Zerstörung bewirkten, und er konnte feststellen, daß manche der zerstörerischen Wellen aus dem Erdinnern an die Oberfläche gekommen waren. Das Erdbeben – und das war das grundlegend Neue an dieser Erkenntnis – kam also aus der Tiefe der Erde. Für das Beben in Italien ermittelte Mallet den Erdbebenherd in einer Tiefe von etwa 10 000 m unter der Erdoberfläche.

Was ist ein Seismograph?

Inzwischen hatte man in vielen bebengefährdeten Gebieten der Erde sogenannte Seismographen aufgestellt. Das sind komplizierte Geräte, die Erdbebenwellen aufzeichnen.

Seismographen (rechts) arbeiten nach dem Prinzip, daß lose aufgehängte träge Massen bei Bodenerschütterungen fast in Ruhe bleiben. Der obere Seismograph zeichnet waagerechte, der untere senkrechte Erdbewegungen auf.

Seismogramm des Erdbebens, das am 8. November 1983 um 1.49 Uhr Belgien, die Niederlande und Nordrhein-Westfalen erschütterte, aufgezeichnet von der Erdbebenwarte Hamburg. Die obere Kurve zeigt die senkrechten, die untere die waagerechten Schwingungen an. – Bei dem Beben gab es zwei Tote.

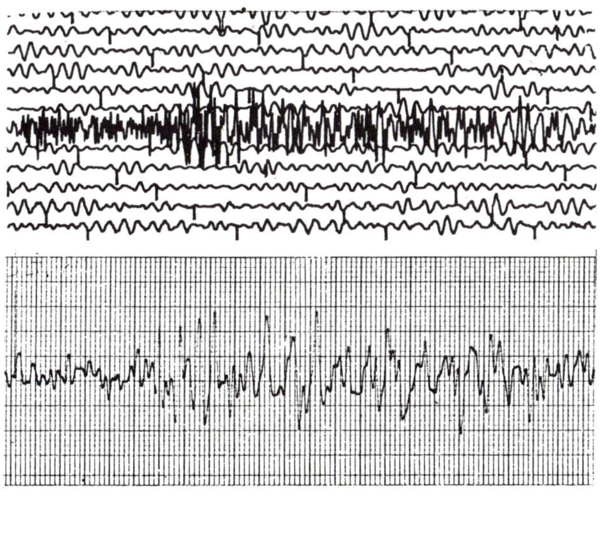

Ein Seismograph besteht aus einer schweren Masse, zum Beispiel einer Stahlkugel, die mit einer Feder oder einem dünnen Draht an einem mit dem Erdboden fest verbundenen Gestell hängt. An ihrem unteren Ende hat die Kugel eine Schreibspitze, die direkt auf einem Papierband aufsitzt. Wenn die Erde sich bei einem Beben auch nur geringfügig bewegt, macht das Papier diese Bewegung mit, während die Kugel wegen ihrer Trägheit zunächst in ihrer Lage bleibt. Die Bewegung des Papiers gegenüber der Kugel wird als gezeichnete Kurve sichtbar. Diese Kurve auf dem Papierstreifen, der sich über eine Trommel langsam unter der Schreibspitze hinwegbewegt, nennt man ein Seismogramm.

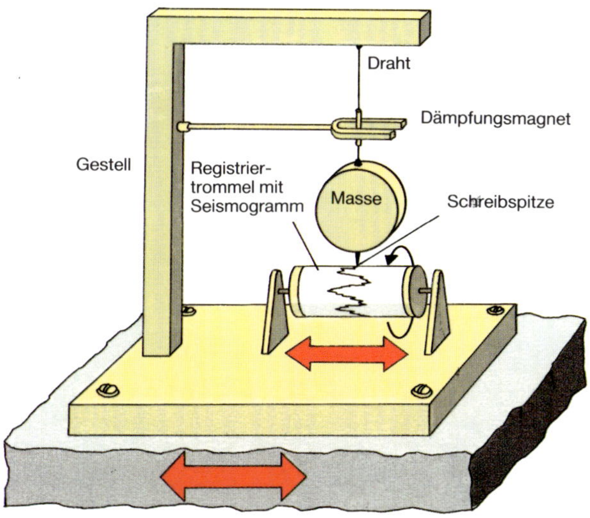

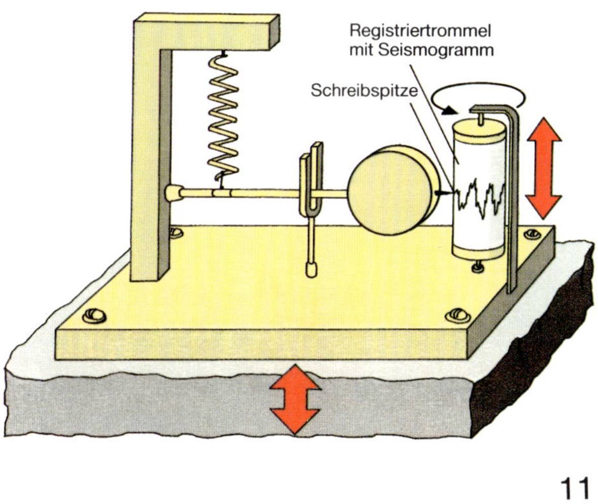

Im Jahr 1891 verheerte eines der größten je in Japan beobachteten Beben weite Landstriche westlich von Tokio. In einem Brief beschrieb ein Augenzeuge die ungeheuren Verwüstungen: „Im Erdboden gähnten tiefe Risse; Dämme, die die Ebenen vor Überflutung schützen sollten, brachen auf, fast alle Häuser der Region waren zerstört, Berghänge rutschten in die Tiefe. 10 000 Menschen wurden getötet, 20 000 verletzt."
Als japanische Geologen die Folgen dieses Bebens untersuchten, stellten sie verblüfft fest, daß es hier kein klares Epizentrum gab. Hier war die Erde

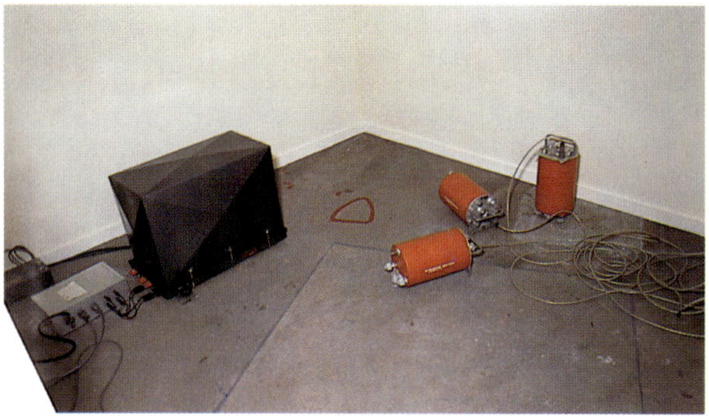

Die drei roten, etwa 20 cm hohen Dosen sind die Fühler der Seismographen einer modernen Erdbebenwarte. Die aufrecht stehende Dose nimmt senkrechte, die beiden liegenden Geräte nehmen waagerechte Schwingungen des Erdbebens auf – die eine alle Schwingungen in Nordsüd-, die andere in Ostwestrichtung. Der größere Kasten daneben registriert alle Erdbewegungen, die so langsam sind, daß sie von den drei roten Fühlern nicht aufgenommen werden können. Die Meßwerte der vier Geräte werden zur Aufzeichnung eines Seismogramms komplizierten elektronischen Geräten zugeleitet.

entlang einer etwa 110 km langen, fast geraden Linie aufgerissen, als habe sie ein riesiges Messer in zwei Teile zerschnitten, die Ränder hatten sich gegeneinander verschoben. „Die Erde", berichtete ein Geologe, „ist zu großen Schollen aufgebrochen und hochgehoben worden. Es sieht aus wie die Spur eines riesigen Maulwurfs. Straßen und Wege waren plötzlich unterbrochen und klafften meterweit auseinander; zwei Bäume, die vorher dicht zusammen in Ost-West-Richtung gestanden hatten, standen jetzt auf einer Nord-Süd-Achse weit voneinander entfernt. Das Beben hatte den einen Baum nach Norden, den anderen nach Süden verschoben."

Wo gibt es Erdbebenwarten?

Einer der Geologen, die dieses furchtbare Erdbeben in Japan miterlebt und studiert hatten, war der Engländer John Milne. 20 Jahre lang hatte er an der Kaiserlichen Hochschule in Tokio als „ehrenwerter fremder Diener" – so wurden dort alle aus dem Ausland nach Japan geholten Wissenschaftler genannt – gelehrt und gearbeitet, dann kehrte er nach England zurück. Dort konnte er sich endlich seinen Lebenstraum erfüllen: Auf Milnes Betreiben wurde 1902 ein die ganze Erde umspannendes Netz von Erdbebenwarten eingerichtet. Zunächst entstanden solche Institute nur in Großbritannien, später schlossen sich fast alle Staaten der Erde diesem System an. Nun konnte man endlich alle Erdbeben der Welt genau untersuchen. Alle Warten schickten ihre Beobachtungen und Messungen an Milnes Institut; dieser faßte die Berichte zusammen und schickte sie an alle Seismologen der Welt. In der Bundesrepublik gibt es Erdbebenwarten u. a. in Göttingen, Hamburg und Stuttgart.
So hat sich in knapp 50 Jahren die Seismologie, eine der jüngsten Wissenschaften, eine eigene weltumspannende Organisation geschaffen. Es gab, was Erdbeben anging, fast keine Rätsel mehr. Man wußte, wie man den Bebenherd bestimmen kann, man wußte, woher die Wellen kommen, wie sie sich ausbreiten und welche Zerstörungen sie anrichten. Man wußte fast alles. Nur eines wußte man bis in die Mitte unseres Jahrhunderts hinein noch immer nicht: Wie Erdbeben entstehen. Und warum.

Bei einem schweren Beben in der Osttürkei kamen im Oktober 1983 über 2000 Menschen um, 44 Dörfer wurden zerstört. Dem Hauptbeben folgten noch mehrere schwere Nachbeben.

Die schwimmenden Kontinente

Was ist die Kontinentalverschiebung?

Über einen Atlas gebeugt, machte der deutsche Geologe Alfred Wegener um die Jahrhundertwende eine merkwürdige Entdeckung: Die Küstenlinien der südamerikanischen Ost- und der afrikanischen Westküste passen so genau zusammen wie zwei benachbarte Teile eines Puzzlespiels. Wie kommt das, fragte sich Wegener. Und wie kommt es, daß sich an beiden Küsten, die doch Tausende von Kilometern auseinanderliegen, fast gleiche Lebensformen und Gesteinsformationen finden?

Die Antwort gab er in seiner Theorie der „Kontinentalverschiebung“, die er in seinem Buch „Die Entstehung der Ozeane und Kontinente“ im Jahr 1912 veröffentlichte. Darin behauptete er, daß die granitenen Kontinente und die basaltenen Ozeanböden wie Schiffe auf dem Erdinnern schwimmen, angetrieben von einer Kraft, die mit der Erddrehung zusammenhängt.

Das war das genaue Gegenteil der offiziellen Lehrmeinung. Die Erdoberfläche, so glaubte man damals, sei eine feste, unverrückbare Haut über dem schmelzflüssigen Erdinnern. Als diese Haut sich abkühlte, sei sie geschrumpelt wie ein alter Apfel, dabei seien die Berge und

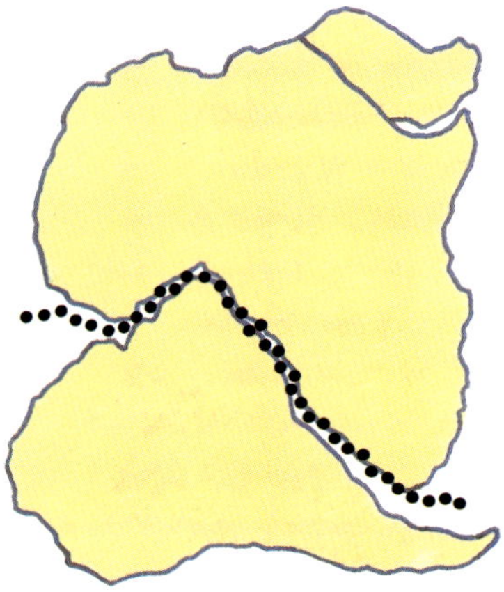

So haben einst – nach der Theorie von der Kontinentalverschiebung – Afrika, Arabien und Südamerika zusammengehangen.

Täler entstanden. Und nun könne sich die Erdkruste nicht mehr verändern.
So erregte Wegeners Theorie zunächst zwar weltweites Aufsehen, aber doch nur heftigste Kritik, ja, sogar mitleidiges oder höhnisches Lächeln. Die Schulwissenschaft hielt die Theorie von der Kontinentalverschiebung für das Hirngespinst eines Außenseiters und kümmerte sich bald nicht mehr darum. Über 40 Jahre lang war Wegeners Behauptung so gut wie vergessen.
Heute wissen wir, daß Wegener recht hatte. Geologische Untersuchungen mit modernsten Geräten ergaben, daß die Erdkruste aus etwa 20 kleineren und größeren Teilen besteht, die ihre Lage fortwährend verändern.
Diese „tektonischen Platten“, so nennen Geologen die Krustenteile, sind 60 bis 100 km dick und treiben wie Eisschollen auf dem zähflüssigen Erdinnern. Und die Nahtstellen zwischen zwei wandernden Platten sind die Hauptursachen für Erdbeben; hier kommt die Erde fast nie zur Ruhe.
Die wohl bekannteste und auch gefürchtetste Nahtstelle ist die Sankt-Andreas-Spalte an der Westküste Nordamerikas. Dort gleitet die pazifische Platte, die nach Nordwesten wandert und sich unter die Südküste Alaskas schiebt, auf 1100 km Länge an der nordamerikanischen Platte entlang jährlich um etwa vier Zentimeter nach Norden.

Warum bebt die Erde?

Aber die Platten haben ja keine glattgeschliffenen Ränder, die reibungslos aneinander vorbeigleiten. Sie haben an ihren Rändern Kanten und Grate, Risse und gewaltige Vorsprünge, die sich ineinander verkrallen wie die Zähne in einem Reißverschluß. So verschieben sich zwar die Platten, die Ränder aber bleiben stehen, weil sie ihre Lage nicht verändern können.
Das führt im Lauf der Zeit zu unvorstellbar großen Spannungen. Eines Tages können dann die Plattenränder dem wachsenden Druck nicht mehr widerstehen: Die vorstehenden, ineinander

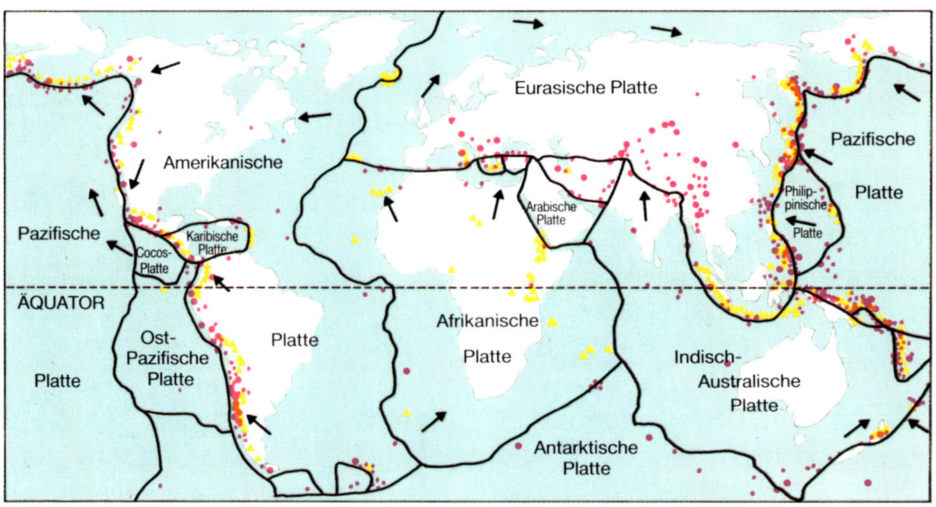

Die Erdkruste besteht aus 20 kleineren und größeren tektonischen Platten, die wie Schiffe auf dem zähflüssigen Erdmantel schwimmen. Die Pfeile auf der Karte zeigen die Richtung ihrer Bewegungen an. Die Randgebiete der Platten sind besonders bebengefährdet. Die roten Punkte zeigen Orte, an denen es Erdbeben gab.

verkeilten Grate und Zacken brechen ab, und in einem einzigen, mächtigen Ruck – als ließe man eine gespannte Stahlfeder los – holen die Plattenränder die Bewegung der Gesamtplatte nach – die Erde bebt.
So war es, als sich 1857 nördlich von San Francisco die pazifische Platte gegen die amerikanische binnen weniger Minuten um 10 cm nach Norden verschob – Erdbeben. 1872 rückte die ganze Platte von der mexikanischen Grenze bis über San Francisco hinaus nach Norden – Erdbeben. Und ein besonders schweres Beben gab es 1906, als sich die beiden Platten ruckartig um 6 bis 8 m gegeneinander verschoben. Was damals geschah, wird auf Seite 17 beschrieben.

Wo gibt es besonders schwere Beben?

Besonders schwere Beben gibt es dort, wo zwei Platten nicht aneinander vorbeigleiten, sondern zusammenstoßen. Dabei kann es geschehen, daß sich die eine unter die andere schiebt. Hier reiben sich also nicht die Außenränder der Platten, sondern die Oberseite der einen rutscht an der Unterseite der anderen Platte entlang. Die Reibungsfläche ist hier bedeutend größer, es entstehen größere Spannungen, die Erdbeben sind schwerer als irgendwo sonst. Solche Stellen sind die gefährlichsten Bebengebiete der Erde. Hier werden neun Zehntel der gesamten Bebenenergie freigesetzt.
Bis in die dreißiger Jahre unseres Jahrhunderts maß man die Stärke eines Erdbebens nach dem angerichteten Schaden. Man tat so, als hingen die Zerstörungen ausschließlich von der Stärke des Bebens ab. Das stimmt aber nicht: Festgebaute Häuser auf steinernem Boden zum Beispiel können selbst schwersten Erschütterungen widerstehen, während schon ein leichter Erdstoß schrecklich wüten kann, wenn er auf leichtgebaute Häuser und Sandboden stößt. Deshalb mißt man die Stärke eines Erdbebens heute nach einem besseren System.

Was ist die Richter-Skala?

Die Idee dazu hatte 1935 der amerikanische Seismologe Charles F. Richter. Er hatte beobachtet, daß die Ausschläge auf dem Seismogramm um so höher sind, je schwerer das Beben ist. Nach der Höhe des höchsten Ausschlags auf dem Seismogramm (und einer Reihe anderer, komplizierter Mes-

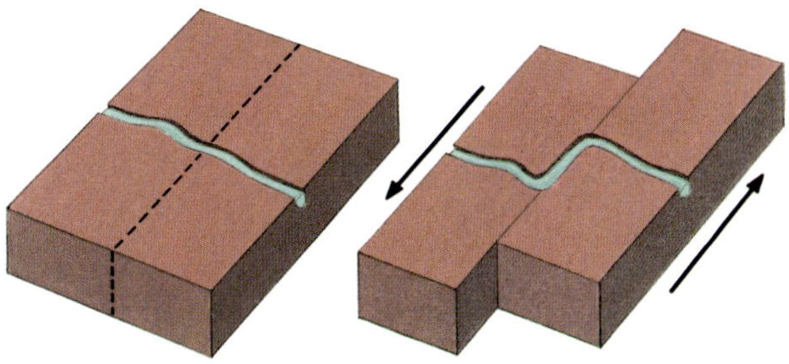

Die Ränder zweier aneinander vorbeigleitender Platten sind durch Vorsprünge und Risse ineinander verhakt. Wenn die dabei wirkenden Kräfte zu groß werden, bewegen sich die Platten ruckartig – die Erde bebt.

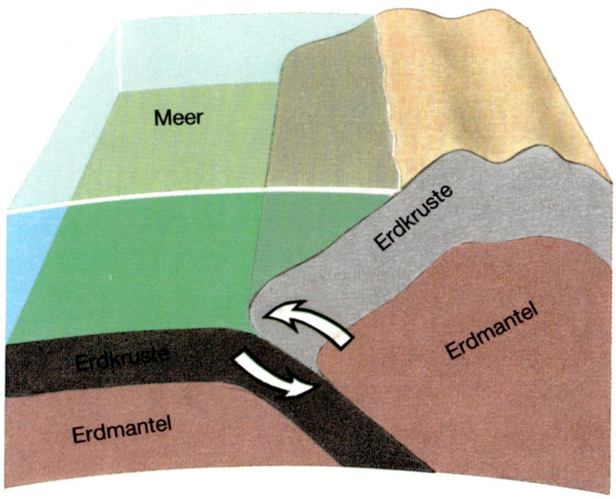

Hier schiebt sich eine tektonische Platte unter eine andere. Wegen der großen Reibungsfläche entstehen besonders große Spannungen; wenn sich die beiden Platten plötzlich ruckartig verschieben, ist das folgende Erdbeben schwerer als irgendwo sonst.

sungen) errechnete er die Schwere eines Bebens nach „Punkten". Punkt 0 bedeutet absolut ruhigen Erdboden, die „1" auf der Skala zeigt einen schwachen Erdstoß an, jeder weitere Punkt bedeutet, daß das Beben zehnmal so stark ist wie bei dem vorigen Punkt. Ein Erdbeben der Stärke 9 ist also zehnmal so schwer wie ein Beben der Stärke 8, 100mal so schwer wie ein Beben der Stärke 7 und schließlich 100 000 000mal so schwer wie eines der Stärke 1.
Unsere Erde wird Jahr für Jahr von mehr als einer Million Beben erschüttert. 99,5 Prozent davon sind leicht, ihre Stärke liegt auf der (nach dem Erfinder benannten) Richter-Skala unter 2,5. Die restlichen Beben sind schwer: Ihre Stärke reicht bis zu Werten von 8,9. Hier endet die Richter-Skala, jedenfalls in der Praxis. Beben dieser Stärke wurden bisher nur zweimal gemessen: am 31. Januar 1906 vor der Küste von Ekuador (die Stärke wurde im nachhinein berechnet), und am 20. März 1933 im Nordosten von Japan, tief unter dem Meeresboden. Die Gewalten, die dabei am Werk waren, sind unvorstellbar.

Wie man Erdbeben vorhersagen kann

Warum glaubte niemand in San Francisco an ein Erdbeben?

Um 5.11 Uhr an jenem 18. April 1906 war für San Francisco die Welt noch in Ordnung. Zwar hatte gerade ein leichtes Beben die Stadt am Pazifik erschüttert, und ein leises Grollen, ähnlich einer entfernten Kanonade, war zu hören gewesen. Aber das schreckte die Bürger von San Francisco nicht, soweit sie es überhaupt gehört hatten. Frisco, wie die Bürger ihre Stadt nennen, hatte seit seiner Gründung 1766 schon viele Erdbeben erlebt. Manchmal hatte es sogar kleinere Schäden gegeben. Aber an eine ernste Gefahr glaubte niemand. „Eine ordentliche Erschütte-

Bei dem schweren Beben von San Francisco im Jahr 1906 starben nahezu 700 Menschen, die Stadt wurde völlig zerstört. Um Plünderungen zu verhindern, wurden Militärstreifen eingesetzt (Foto links). Das Foto rechts zeigt, was nach Beben und Brand von der Innenstadt geblieben war.

rung“, so sagte ein Einwohner, „ist nicht halb so schlimm wie ein Tornado oder ein Hurrikan.“

Um 5.12 Uhr kam die Katastrophe: Das Erdbeben hatte – wie später errechnet wurde – auf der Richter-Skala die Stärke 8,3 und dauerte nur eine knappe Minute. Aber diese kurze Zeit genügte, um eine so große Stadt wie San Francisco in Trümmer zu legen. Schornsteine fielen um, Häuser stürzten ein, Kirchen brachen in sich zusammen, in den Straßen zeigten sich tiefe Risse, und eine riesige Staubwolke verdunkelte plötzlich den Himmel. Dann war Stille. Man hörte nur das Schreien von Menschen, dazwischen das gespenstische Trappeln von Pferden, die mit Kutscher und Wagen durchgegangen waren und nur mühsam angehalten werden konnten. Fast 700 Menschen hatten das Beben mit dem Leben bezahlt. Aber wie schon in Lissabon und bei vielen anderen Beben kam eine andere Gefahr hinterher: das Feuer. Vier Stunden nach dem Beben – das allererste Entsetzen hatte sich gelegt, und die Hilfsmannschaften versuchten, Tote und Verschüttete zu bergen – flackerte im Stadtzentrum ein Brand auf. Die Hausfrau Anne Bankler hatte sich den Morgenkaffee machen wollen. Sie zündete den Herd mit einem Streichholz an, und sie wußte nicht, daß der Rauchabzug von dem Beben verschüttet war. Die Flammen, ihres natürlichen Abzugs beraubt, schlugen seitlich aus dem Herd, griffen auf den Küchentisch über, sofort darauf brannte der Schrank, die Küche, dann das Haus, das Nachbarhaus, und bald stand das ganze Viertel in Flammen. Die Feuerwehr konnte nicht helfen: Alle Wasserleitungen waren geborsten, und das Feuer fraß sich ungehindert weiter und weiter.

Warum brannte San Francisco nieder?

Drei Tage lang wütete es in der getroffenen Stadt. Die Feuerwehr versuchte, in den bedrohten Stadtteilen Schneisen zu sprengen, um das Übergreifen der Flammen auf andere Stadtteile zu ver-

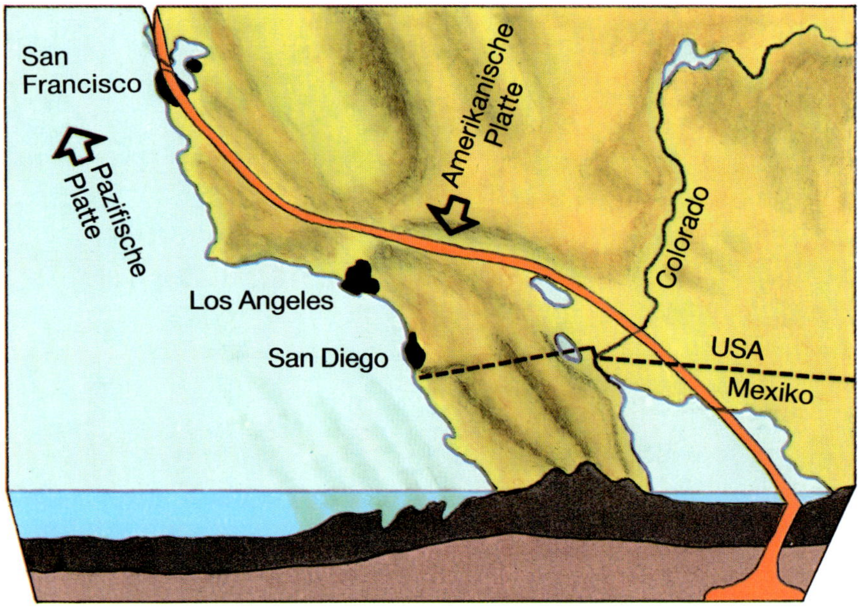

San Francisco liegt genau über der Sankt-Andreas-Spalte, einem Riß in der Erdkruste, an dem zwei tektonische Platten zusammenstoßen und sich langsam, aber mit ungeheurer Gewalt aneinander entlang bewegen. Die Bewegungen entstehen dadurch, daß durch die Sankt-Andreas-Spalte glühend-flüssiges Gestein aus dem Erdmantel nach oben drängt und die beiden Platten in verschiedenen Richtungen wegschiebt. Seismologen rechnen damit, daß San Francisco in den nächsten Jahren oder Jahrzehnten von einem neuen, noch schwereren Erdbeben heimgesucht wird.

hindern. Sie benutzten Dynamit, aber auch das führte oft zu weiteren Bränden: Als sie am Abend des ersten Tages einmal zu viel Dynamit explodieren ließen, stürzten brennende Trümmer auf das Chinesenviertel Chinatown hernieder, das ebenfalls völlig ausbrannte.
Insgesamt hatten Erdbeben und Feuer 13 Quadratkilometer der Innenstadt vernichtet, 250 000 Menschen hatten ihr Zuhause, viele von ihnen auch ihren Arbeitsplatz verloren.
Die Katastrophe von San Francisco war eine der schwersten Katastrophen in der Geschichte unserer unruhigen Erde.

Wer suchte als erster nach Warnzeichen?

Sofort nach dem Beben eilten Geologen und Seismologen in die verwüstete Stadt, um die Ursachen und Auswirkung des Bebens zu studieren.
Unter ihnen befand sich auch der Geologe und Geograph Grove Gilbert, der sich wie kaum ein anderer auch noch in die kleinsten Einzelheiten des Bebens vertiefte. Er war auch der erste Wissenschaftler, der auf die Idee kam, nach Warnzeichen zu suchen, mit denen sich ein drohendes Erdbeben ankündigt. Er forschte und forschte – aber er hatte keinen Erfolg.
Erst 40 Jahre später nahmen die Russen Gilberts Idee auf. Im Südwesten der Sowjetunion waren 1949 innerhalb von nur 10 Monaten bei zwei heftigen Beben einmal 20 000, beim zweiten Mal 12 000

Dieses Warninstrument wurde vor 1800 Jahren in China entwickelt: Schon beim leichtesten Vorbeben fällt eine Kugel aus einem der acht Drachenköpfe in ein Froschmaul.

Menschen getötet worden. Ein drittes Mal, so erklärten die Russen, wollten sie sich nicht wieder von einem vielleicht noch schwereren Beben überraschen lassen. Moskau schickte einen Trupp von Wissenschaftlern in die betroffenen Gebiete. Sie sollten versuchen, der Natur auf die Schliche zu kommen.

Zwölf Jahre lang forschten die Geologen, dann machten sie eine Entdekkung: In bebengefährdeten Gebieten gibt es fast dauernd kleine Erdstöße, die nur auf dem Seismogramm sichtbar

auf: Die Erdbebengefahr schien gebannt; zwar konnte man Erdbeben nicht verhindern, aber nun schien es möglich, sich zumindest darauf vorzubereiten, so daß die Zahl der Opfer nicht mehr in die Tausende gehen würde.

Zwei Jahre später schienen sich die Erkenntnisse der Russen zu bestätigen: Zwei Erdbeben in den USA wurden nach der sowjetischen Methode so genau vorherberechnet, daß es keine Opfer gab. Ebenso erfolgreich waren auch die Chinesen, deren Land von jeher als

Südlich von San Francisco tritt die Sankt-Andreas-Spalte als ein mit Wasser gefüllter langer Riß im Erdboden offen in Erscheinung. Über 600 km läßt sich die nach Süden laufende Spalte teils in Gestalt von Seen, teils als offene Senke verfolgen.

sind und selten über die Richter-Stärke 1 hinausgehen. Diese Wellen haben – wie wir wissen, je nach dem Untergrund – eine bestimmte Geschwindigkeit. Des öfteren meldeten die Seismogramme aber, daß sich die Wellen plötzlich verlangsamten. Dann wurden sie wieder normal und dann – dann kam ein stärkeres Beben. Außerdem konnte man auch aus der Dauer der Verzögerung auf den Zeitpunkt des Bebens schließen.

Als die Russen ihre Entdeckung 1971 auf einem Seismologen-Kongreß in Moskau bekanntgaben, atmete die Welt

besonders erdbebengefährdet galt, und bei denen heftige Erdbeben immer wieder – seit Menschengedenken – besonders viele Tote und Verletzte gefordert hatten.

Die Regierung in Peking hatte schon 1966 zum „Volkskrieg gegen Erdbeben" aufgerufen. Sie richtete 17 große Beobachtungsstationen und 250 kleinere Erdbebenwarten mit insgesamt 10 000 hauptberuflichen Beobachtern ein. Als 1974 eine Reihe kleinerer Erdbeben in der Provinz Liaoning die Gefahr einer großen drohenden Katastrophe ankündigte, begannen die Chinesen, in den gefährdeten Gebieten ihres Landes die Erde nach der sowjetischen Methode abzuhorchen.

Am 4. Februar 1975 war es dann soweit: „Heute abend wird es ein schweres Beben geben“, verkündeten die staatlichen Geologen. „Alle Menschen müssen ihre Häuser räumen.“

Wann hatte ein Warnsystem den ersten Erfolg?

Bei eisiger Kälte verließen die Chinesen ihre Häuser und kampierten in Zelten auf Feldern und Wiesen. Krankenhäuser wurden evakuiert, das Vieh wurde aus den Ställen ins Freie getrieben.
Das Erdbeben kam um 19.36 Uhr. Zwar stürzten zahllose Häuser ein, Brücken brachen, und Straßendecken rissen auf. Aber weil alle Feuer vorher gelöscht worden waren, entstand keine Feuersbrunst, und nur 300 Menschen wurden getötet. Ohne die Vorwarnung hätte es in dem dichtbesiedelten Gebiet möglicherweise über hunderttausend Tote gegeben.

Die Seismologen triumphierten – aber sie triumphierten zu früh. Ein Erdbeben, das sie im Sommer 1976 vorausgesagt hatten; und dessentwegen die Einwohner zwei Monate lang in Zelten hausen mußten, traf nicht ein. Und wenig später wurde die Stadt Tangschan ohne jede Vorwarnung von einem katastrophalen Erdbeben heimgesucht, das wahrscheinlich zu einem der schwersten Beben der Geschichte überhaupt zählt: Schätzungen sprechen von mehreren hunderttausend Toten, die ganze Stadt war binnen weniger Sekunden nur noch ein Trümmerhaufen. Offizielle Angaben gibt es nicht: Die chinesische Regierung verweigerte jede Auskunft, das Gebiet wurde für Ausländer gesperrt, weil – so vermutet man – diese Katastrophe als Niederlage der chinesischen Wissenschaft gewertet werden könnte.
Neben vielen kleineren, nicht vorhergesagten Beben wurde 1979 auch das Gebiet um San Francisco von einem schweren Beben der Stärke 5,9 erschüttert, ohne daß es vorher irgendwelche Hinweise oder Vorwarnungen gegeben hätte.

Mitten in einer kleinen Stadt in Alaska tat sich bei einem Beben im Jahr 1964 ein tiefer Riß im Erdboden auf, ein Teil der Straße und die darauf fahrenden oder parkenden Autos stürzten mit in die Vertiefung. Menschen kamen bei diesem Einbruch nicht zu Schaden.

Bei einem Feuer, das 1978 in Japan nach einem Erdbeben ausbrach, brannte dieses Dorf völlig nieder. Durch solche Brände kommen häufig mehr Menschen um als durch das Beben selbst.

Kann man Erdbeben immer voraussagen?

Die Wissenschaft mußte einsehen, daß es noch immer nicht möglich ist, den genauen Zeitpunkt eines Bebens vorherzusagen. Manchmal klappt die russische Methode – jedoch nicht immer; warum, weiß man nicht. Seismologen können heute mit hoher Wahrscheinlichkeit vorherbestimmen, wo ein Erdbeben stattfinden wird. Aber der Zeitpunkt bleibt ungewiß.

Um so dringlicher ist es, sich in erdbebengefährdeten Gebieten auf die Möglichkeit einer Katastrophe vorzubereiten. Denn mehr und mehr zieht es in der ganzen Welt die Menschen vom Land in die Städte, weil sie glauben, dort bessere Lebensdedingungen vorzufinden. Diese dicht besiedelten Riesenstädte können, soweit sie in Erdbebengebieten liegen, leicht zu Todesfallen werden.

Das bisher schrecklichste Beispiel dafür ist das große Beben, das am 1. September 1923 die japanische Hauptstadt Tokio und die Hafenstadt Yokohama in Schutt und Asche legte. Binnen weniger Stunden zerstörten mehrere schwere Erdstöße und die anschließenden Feuersbrünste 360 000 Häuser. Schlimmer aber: In der allgemeinen Panik und wegen der trümmerübersäten Straßen waren viele Ausfallstraßen verstopft – 143 000 Menschen fanden den Tod.

Eine Katastrophe wie diese kann sich jederzeit wiederholen – und vielleicht tut sie das schon bald. Japanische Seismologen haben errechnet, daß Tokio im letzten Jahrtausend durchschnittlich alle 69 Jahre von einem sehr schweren Beben heimgesucht wurde. Das ist um so beängstigender, als im Großraum Tokio, oft in enger Nachbarschaft zu Raffinerien, chemischen Fabriken und anderen möglichen Großbrandherden, inzwischen über 20 Millionen Menschen leben.

Ein verheerendes Erdbeben im Iran tötete 1962 über 12 000 Menschen. Die Stadt Tabas (unser Foto) wurde völlig zerstört. Nach dem Beben wurden die eingestürzten Lehmhäuser durch massive Steinbauten ersetzt.

Sofort nach dem Beben 1923 erließ die japanische Regierung einige Gesetze, die eine Wiederholung der Katastrophe unmöglich machen sollten. Die engen Straßen sollten durch breite Alleen ersetzt werden, an Stelle der dichtgedrängten, leicht entflammbaren Holzhäuser sollten stabile Wohn- und Geschäftshäuser, nicht höher als sechs Stockwerke, gebaut werden. Aber während noch die Gesetze beraten und entsprechende Maßnahmen vorbereitet wurden, waren die vielen obdachlosen Tokioter schon wieder dabei, ihre kleinen Häuschen am alten Platz neu zu errichten. Mit Holzbrettern, Wellblech und Dachpappe schufen sie sich schnell wieder ein Dach über dem Kopf, und ganze Straßenzüge waren binnen weniger Wochen genau so eng und feuergefährdet bebaut wie zuvor. Das Gesetz kam zu spät.

Wie wollte Tokio sich vor Beben schützen?

Auch andere Länder begannen, vorsorgliche Maßnahmen zu treffen. In Kalifornien, also entlang der Sankt-Andreas-Spalte, erlauben viele Bauämter nur noch Neubauten mit erdbebensicheren Konstruktionen. Tatsächlich sind dort viele moderne Bauten so konstruiert, daß sie selbst einem Beben der Stärke 8 widerstehen können. Im Iran, wo bei einem schweren Erdbeben 1962 12 000 Menschen starben, wurden die alten Lehmhäuser, die schon bei schwachen Erdstößen einstürzten, mehr und mehr durch massive Steinbauten ersetzt. Auch in Usbekistan, einer Republik der Sowjetunion, wurden alle durch ein Erdbeben 1966 zerstörten Lehmbauten durch moderne sichere Häuser ersetzt, die U-Bahn von Taschkent wurde erdbebensicher gemacht. Häuser und U-Bahn überstanden ein schweres Beben im Jahr 1977 unbeschadet.

Wie ein Haus erdbebensicher gebaut werden kann, haben Techniker und Seismologen erarbeitet:

Wie baut man bebensichere Häuser?

- Die Häuser in Erdbebengebieten müssen fest gefügt sein. Flach gedeckte Bauten aus Lehm, aber auch leichte Ziegel- und Holzbauten stürzen oft schon beim ersten Erdstoß ein.

● Die Gebäude müssen sicher gegründet sein. Dabei ist es wichtig, daß ihre Fundamente und damit das ganze tragende Gerüst fest mit dem steinernen Untergrund verbunden werden.

● Alle Brennstellen müssen so feuersicher wie möglich sein. Denn Feuer ist, wie die Beispiele von Lissabon, San Francisco und Tokio zeigen, oft gefährlicher als das Beben selbst.

In vielen Staaten der westlichen Welt und Ostasien versuchen die Behörden, diesen und weiteren Regeln Geltung zu verschaffen. Sie entwickelten Katastrophenschutzpläne und veranstalten regelmäßig Übungen, bei denen die Menschen lernen, wie man sich bei Erdbeben verhält und schützt. Das japanische Parlament hat 1978 die neuesten Erkenntnisse in einem vorbildlichen Erdbebengesetz zusammengefaßt und darin Vorsorgemaßnahmen angeordnet. Gleichzeitig unterstützen und fördern die Regierungen Forschungsobjekte, die auf eine zuverlässige Erdbebenvorhersage hinarbeiten. Eines Tages werden die Seismologen – davon sind sie fest überzeugt – sichere Anzeichen drohender Erdbebenkatastrophen finden und die Bevölkerung rechtzeitig warnen können.

Nach der Katastrophe von 1906 wurde San Francisco am gleichen Ort neu aufgebaut. Die City der Vier-Millionen-Stadt besteht fast ausnahmslos aus Hochhäusern, die als erdbebensicher gelten. Von der 48 Stockwerke hohen Transamerica-Pyramide (rechts oben) glauben die Architekten, daß sie auch allerschwersten Beben widerstehen kann.

Bis zu 60 m hoch sind die Wellen eines Tsunamis, wenn er auf die Küste zurast. Eine solche Welle zerstörte im März 1964 die kleine Hafenstadt Valdez (Alaska) und tötete 60 Menschen.

Berge aus Wasser

Wie wurde die Hafenstadt Valdez zerstört?

Die Menschen standen an der Kaimauer des Hafens und starrten entsetzt auf die See hinaus. Sie waren in panischer Angst hierher gelaufen, weil sich plötzlich der Boden wellenförmig auf- und abbewegt hatte, weil Mauern einstürzten, weil sich tiefe Risse im Erdboden auftaten und aus ihnen sechs Meter hohe Wasser- und Schlammfontänen herausspritzten – es war dasselbe Erdbeben, das an jenem 27. März 1964 Alaskas Hauptstadt Anchorage verwüstete und nun auch die kleine Hafenstadt Valdez zu vernichten drohte. Viele der 1000 Einwohner hatten sich über zerrissene Straßendecken und an einstürzenden Häusern vorbei zum Hafen retten können, weil sie sich hier sicher glaubten – und nun sahen sie eine riesige, 30 m hohe Welle vom Meer aus auf sich zulaufen. Die Menschen wußten, daß es für viele von ihnen das letzte war, was sie in ihrem Leben sehen würden.

Im Hafen lag ein 10 000-t-Frachter, der gerade entladen wurde. Die Welle packte das große Schiff wie mit einer Riesenfaust, hob es in die Luft und warf es auf die Kaimauer – genau dorthin, wo eben noch 28 Menschen gestanden hatten. Aber die Menschen standen nicht mehr da – sie waren, noch bevor das Schiff auf den Boden krachte, von einem Wasserwirbel erfaßt und fortgespült worden. Alle 28 ertranken.

Die Welle raste weiter durch den Ort. Sie zerstörte fast alle Hafenanlagen und Geschäftshäuser am Hafen, sie knickte den Leuchtturm von Valdez, als sei er ein Streichholz, die Hälfte der Wohnhäuser und 68 Fischerboote waren vernichtet. Weitere 32 Menschen fanden den Tod.

Die Wellen rasten weiter. 150 km vom Epizentrum entfernt zerstörten sie den Ölhafen Seward. Kaianlagen, Docks und Lagerhäuser rutschten ins Wasser, eine 110 t schwere Güterlokomotive wurde umgeworfen. Am schlimmsten aber: Die Ölschläuche, die von einem Tanker zu den Tanks führten, rissen, Öl lief hektoliterweise aus und entzündete sich. Die Tanks explodierten, brennendes Öl breitete sich über den ganzen Hafen aus und erreichte schließlich auch den Bahnhof, wo die Gleise in der entsetzlichen Hitze zu glühen begannen. Was das Wasser in Seward verschont hatte, fiel nun den Flammen zum Opfer.

Und die Flutberge rasten weiter durch den Pazifik nach Süden. Sechs Stunden nach Beginn des Erdbebens in Alaska erreichte die erste Welle die kanadische Insel Vancouver, eine Stunde später sprang sie an der Küste von Oregon (USA) hoch, dann rauschte sie mit 650 km pro Stunde weiter nach Kalifornien. Dort verschlang sie die kleine Stadt Crescent City, erreichte Hawaii, und erst 6400 km weiter, an den Küsten Japans, hatten die rasenden Wasserberge ihre Gefährlichkeit verloren.

Was ist ein Tsunami?

Das ist der – mit allen seinen Zerstörungen nur unvollkommen beschriebene – Weg einer „seismischen Welle“, eines Tsunamis. Das Wort „Tsunami“ ist japanisch und heißt auf deutsch „große Woge im Hafen“.

Tsunamis entstehen in den Meeren, wenn das Wasser durch ein Erd- oder ein Seebeben, durch Verschiebungen auf dem Grund des Ozeans oder bei unterseeischen Vulkanausbrüchen in Bewegung gerät. Die Wassermassen geraten ins Schaukeln, in eine träge, aber unerhört energiegeladene Bewegung, die sich ringförmig ausbreitet. Die Wellenlänge, also der Abstand von Wellenberg zu Wellenberg, beträgt 150 bis 600 km.

Solange diese seismischen Riesenwellen tiefes Wasser unter sich haben, sind sie kaum mehr als einen Meter hoch und harmlos. Von vorüberfahrenden Schiffen werden sie oft nicht einmal wahrgenommen. Ihre ungeheure Kraft macht sich erst an der Küste bemerkbar. Dort

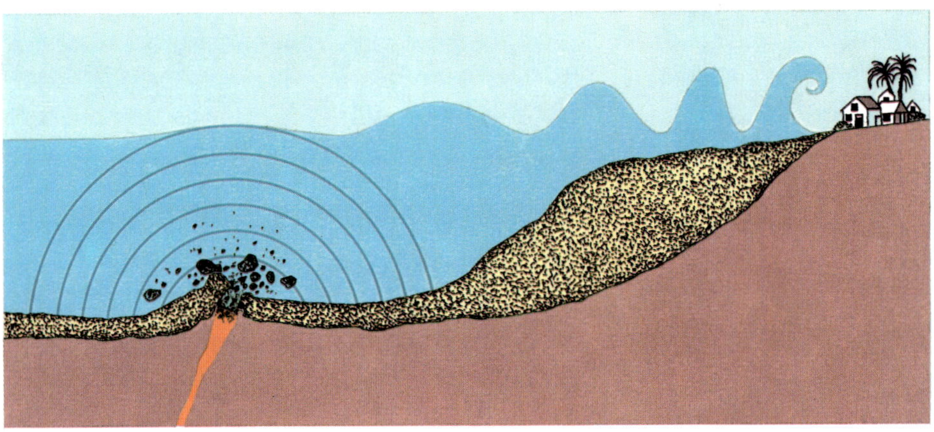

Tsunami-Wellen entstehen durch Seebeben oder andere plötzliche Veränderungen des Meeresgrundes. Die Wellen sind auf offener See oft nur einen Meter hoch und völlig harmlos. Wenn sie sich jedoch der Küste nähern, türmen sich die Wassermassen zu gewaltigen Bergen auf – je steiler das Ufer ist, desto höher sind die Wellen.

werden die Wellen langsamer, das Wasser türmt sich zu enormer Höhe auf; je steiler die Küste ist, desto höher sind die Tsunami-Wellen.
Wie bei einer außergewöhnlich niedrigen Ebbe weicht das Wasser am Ufer zunächst kilometerweit zurück. Dann kommt es wieder, schon nach wenigen Minuten. Die Wellen können nun 60 m hoch sein, sie jagen mit 90 km/h landeinwärts, und alles, was ihnen entgegensteht, reißen sie hinweg.
Solch eine Katastrophe ereignete sich in der Nacht vom 26. auf den 27. August 1883, als der Vulkan Krakatau auf der gleichnamigen Insel zwischen Java und Sumatra in die Luft flog (vgl. Seite 30). Die Tsunamis, die diese Explosion auslöste, brandeten nur eine halbe Stunde später an die Küsten von Java und Sumatra. Sie waren 40 m hoch und zerstörten 300 Dörfer und Städte in der tiefliegenden Küstenregion: 36 000 Menschen ertranken.
Drei Tsunamis verwüsteten am 15. Juni 1896 die japanische Ostküste. Zwischen dem 30. und 40. Breitengrad vernichteten sie praktsich jedes Dorf und jede Stadt der Küstenregion. 100 000 Häuser wurden zertrümmert und fortgerissen, 27 000 Menschen starben in dem brüllenden Chaos.

Die höchste Flutwelle, die je fotografiert wurde, zerstörte im Frühjahr 1977 auf der Insel Hawaii das im Vordergrund sichtbare Haus und drei weitere Gebäude. Die Einheimischen nannten die 12 m hohe Welle später die „Monsterwelle“.

Wie weit reichen die Wellen eines Tsunami?

Von einer ähnlichen Katastrophe wurde am 1. April 1946 die Pazifikinsel Hawaii heimgesucht. 3600 km entfernt hatte es im Nordpazifik ein schweres Seebeben gegeben – nun rasten die Tsunami-Wellen mit 800 km/h über das Wasser und erreichten nach 4½ Stunden Honolulu, die Hauptstadt des Inselarchipels. Die erste Welle war fünf, die dritte 15 Meter hoch. Hier ertranken 150 Menschen. Und noch in Chile, 14 000 km von dem Seebeben entfernt, stieg das Wasser um 1,60 m über normal.
Im Gegensatz zu den Erdbeben stehen wir heute den Tsunamis nicht mehr hilflos gegenüber. Nach der Katastrophe des Jahres 1946 wurde in Honolulu ein Tsunami-Warndienst eingerichtet. Jede Erderschütterung, die zu solchen seismischen Wellen führen kann, wird beobachtet, alle gemessenen Werte werden in den Zentralcomputer eingegeben und ausgewertet. Allen bedrohten Gebieten kann man nun die mutmaßliche Ankunftszeit der Tsunamis so rechtzeitig mitteilen, daß die Menschen ihre Häuser verlassen und sich in höher gelegenen Gebieten in Sicherheit bringen können. Damit ist der Naturgewalt ihr größter Schrecken genommen.

Wenn Berge Feuer speien

Was vermuteten die Alten Römer in einem Vulkan?

Der Vesuv war ein schöner Berg. Majestätisch erhob er sich 1300 m über das nahe Mittelmeer, an seinen Hängen wuchs der landauf, landab süßeste Wein, und zu seinen Füßen blühten die drei Städte Pompeji, Herculaneum und Stabiae, drei – wie wir heute sagen würden – Villenvororte des nahen Neapel.

Hätte damals, im Jahre 79 n. Chr., jemand gesagt, der friedliche Vesuv sei ein Vulkan, der binnen kurzem eine Katastrophe ohnegleichen auslösen würde – die Leute von Pompeji hätten ihn ausgelacht. Natürlich wußten sie, daß es Vulkane gab; da war zum Beispiel die kleine Insel Vulcano nördlich von Sizi-

10 000 Menschen starben, als der Vesuv am 24. August 79 n. Chr. die drei Städte Pompeji, Herculaneum und Stabiae unter Lava und Asche begrub. Oben das Forum (Marktplatz) von Pompeji zur Zeit des Ausbruchs, das Foto links zeigt das Forum heute.

Diese Pompejaner starben, als sie vom Ascheregen zugedeckt wurden und erstickten. Die Hohlräume, die ihre zerfallenden Körper in der hartgewordenen Asche hinterließen, wurden mit Gips ausgegossen.

lien mit dem feuerspeienden gleichnamigen Berg. Aber das war etwas ganz anderes: Tief im Innern des Berges hatte Vulcanus, der römische Gott der Schmiede, seine Werkstatt, dort schmiedete er die Pfeile der Diana, die Donnerkeile des Jupiter, den Panzer des Herkules und den Schild des Achill. Das Feuer und der Rauch, die manchmal aus dem Gipfel emporstiegen, kamen aus der Esse der Schmiede, und das häufige, unheimliche Poltern, Rollen und die Erdstöße waren nichts anderes als die Hammerschläge des göttlichen Schmiedes. Mit dem friedlichen Vesuv hatte das nichts zu tun.

Wie ging Pompeji unter?

Am 24. August 79 bezahlten 10 000 Menschen diesen Irrtum mit ihrem Leben: Urplötzlich flog mit ungeheurer Gewalt der Lavapfropfen, der seit vielen Jahrtausenden den Krater des Vesuv wie ein Korken verschloß, in den heiteren Himmel Kampaniens. Kilometerhoch schossen Gesteinsbrocken in die Luft, und unter ohrenbetäubendem Getöse zerplatzte die Bergspitze. Der Himmel verschwand hinter einer dunklen Wolke aus Asche, die drei Tage lang über dem Ort der Katastrophe stand. Menschen wurden von herabstürzendem Gestein erschlagen, sie erstickten in der Glutwolke, oder sie wurden von der Lava, die aus dem Berg floß, zugedeckt. Pompeji verschwand unter einer sieben bis acht Meter hohen Schicht aus Asche und erbsen- bis walnußgroßen schlackigen Steinchen, die unaufhörlich herabrieselten. Herculaneum wurde in einem Strom von Lava und heißem Schlamm begraben. Er entstand, als unmittelbar nach dem Ausbruch ein schwerer Regen einsetzte, der sich mit der Asche vermischte. Auch Stabiae ging fast völlig verloren.
Erst am 27. August, drei Tage nach der Katastrophe, drang wieder die Sonne durch und warf ihr Licht auf drei tote Städte.
Einige Tage lang suchten noch Überlebende nach ihrem Hab und Gut, sie stocherten hilflos in den Trümmern und im Vulkanschutt herum – dann verschwanden sie. Eine Untersuchungskommission, die aus Rom herbeieilte, stellte

Die vulkanischen Krakatau-Inseln zwischen Sumatra und Java während des Ausbruchs (oben), danach (Mitte) und heute (unten). Das „Kind des Krakatau“ wächst langsam aus dem Meer heraus.

fest, daß die drei Städte verloren waren. Dann wurde es still am Vesuv. Und nur wenige Jahrhunderte später wußte niemand mehr, wo Pompeji, Herculaneum und Stabiae einmal gelegen hatten.
Erst im 18. Jahrhundert wurden sie rein zufällig wiederentdeckt und ausgegraben. Die drei Städte und die in ihnen gefundenen Gebrauchs- und Kunstgegenstände gestatten einen tiefen Einblick in Kultur und Lebensweise der damaligen Bevölkerung.

Welcher Vulkan forderte die meisten Opfer?

Noch folgenschwerer als diese Katastrophe war der bereits erwähnte Ausbruch des Krakatau in der Südsee. Die 33 qkm große Insel, die aus drei alten Vulkankratern bestand, wurde in der Nacht vom 26. zum 27. August 1883 von einer Reihe gewaltiger Explosionen erschüttert, die man noch in einer Entfernung von mehreren hundert Kilometern hören konnte. Aschenwolken stiegen bis 75 km in die Höhe, ihr feiner Staub wurde mehrmals um die Erde getragen. 18 Kubikkilometer Lava wurden in die Luft gejagt, zwei Drittel der Insel versanken in den Fluten. Die Insel selbst war unbewohnt, dort gab es keine Opfer. Aber die bei dem Ausbruch entstandene Flutwelle – sie war 35 m hoch – tötete auf Java und Sumatra 36 000 Menschen, 295 Dörfer und Städte wurden vernichtet, ein holländisches Kriegsschiff vor Sumatra wurde 3000 m weit mitgerissen und gegen eine Felswand geschmettert.
Bis 1927 blieb es ruhig um den Rest der Insel. Dann begannen neue Ausbrüche, und unter Wasser, dort, wo bis 1883 Land gewesen war, wurde ein neuer Kegel aufgeschüttet. 1952 lag sein Gipfel bereits 70 m über dem Meeresspiegel und er wächst langsam, aber stetig weiter. Diese neue Insel erhielt den Namen „Anak Krakatau“ – „Kind des Krakatau“.

Wo gibt es die meisten Vulkane?

Auf der Erde gibt es rund 600 Vulkane, die aktiv sind, das heißt, die nach kürzeren oder längeren Ruhepausen immer wieder ausbrechen. Die meisten liegen an den Nahtstellen der Erdkrustenabschnitte, die wir als „tektonische Platten“ kennengelernt haben. Rund um Indonesien, das an einer solchen Kante liegt, befinden sich über 100 tätige Vulkane, und die Nahtstelle zwischen der nordamerikanischen und der pazifischen Platte an der Westküste Amerikas ist mit einem Dutzend Vulkanen, die im letzten Jahrhundert ausgebrochen sind, eines der aktivsten Vulkangebiete der Welt.

Um zu verstehen, wie ein Vulkan entsteht, und warum er gerade an Plattenrändern ausbricht, müssen wir zunächst den Aufbau unserer Erde betrachten.

Das Innere unserer Erde läßt sich in vier

Wie entsteht ein Vulkan?

klar abgegrenzte Zonen einteilen: In der Mitte befindet sich der innere Kern, um den die drei anderen Teile – äußerer Kern, Erdmantel und Erdkruste – schalenförmig herumliegen. Die äußere Schicht, die feste Erdkruste, auf der wir leben, ist, gemessen am Erdradius von 6370 km, recht dünn. Sie mißt unter den Ozeanen sieben bis 13 km, unter den Kontinenten 30 bis 70 km. Fest ist auch der Erdmantel, der bis in etwa 2900 km Tiefe reicht. Zähflüssig ist offenbar nur der äußere Erdkern von 2900 bis 5100 km. Der innere Kern ist etwa 6000° heiß und dennoch fest – vermutlich wegen des gewaltigen auf ihm liegenden Drucks.

Magma nennt man die Materie, die bei einer Eruption (Ausbruch) eines Vulkans austritt. Sie entsteht, so glauben die Geologen, im unteren Teil der Erdkruste und im oberen Teil des Erdmantels in Tiefen von 30 bis 90 km. Das Gestein ist in jenen Tiefen so heiß, daß es eigentlich glutflüssig sein müßte. Es bleibt aber fest, weil die darüberliegende Gesteinslast einen ungeheuren Druck ausübt.

Dieser Druck bleibt immer gleich stark; nur dort, wo zwei Platten sich aneinander reiben und sich verschieben, kann der Druck geringer werden. Dort geht das Gestein vom festen in einen glutflüssigen Zustand über, dabei dehnt es sich aus, drängt nach oben und bricht als Magma mit ungeheurer Gewalt durch die Erdkruste – ein Vulkan ist entstanden.

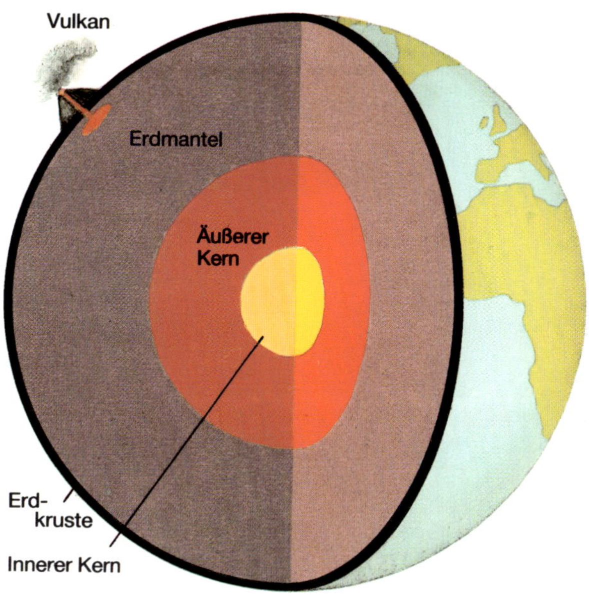

Der Schnitt durch die Erdkugel zeigt, woher die vulkanische Lava kommt.

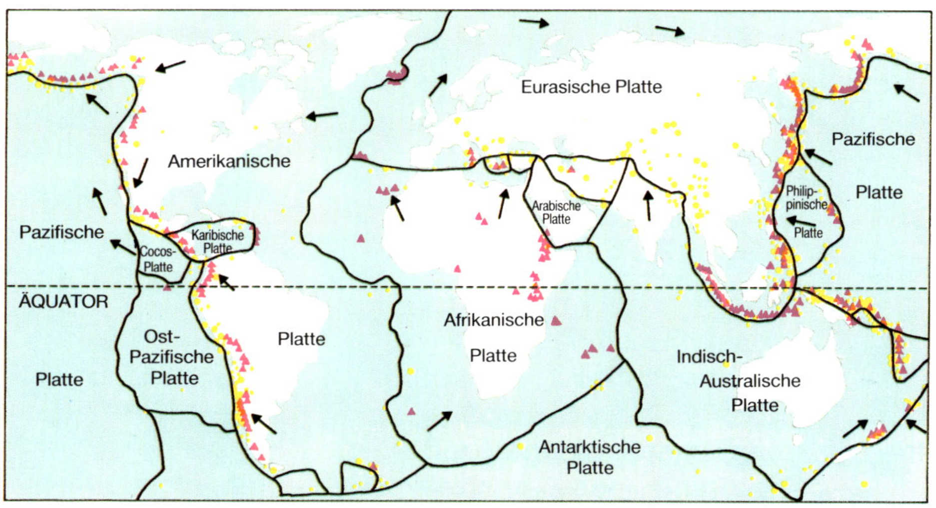

Wie die Erdbebenzonen liegen auch die meisten Vulkane (rote Dreiecke) in den Randgebieten der tektonischen Platten.

Wenn das Magma aufsteigt und dabei abkühlt, werden Gase frei. Diese Gase werden bei der Eruption zusammen mit großen Mengen zersprühter Magma als Asche ausgeblasen, das glutflüssige Magma fließt als Lava aus dem Krater. Wenn das Magma stark gashaltig und der Widerstand, den die Erdkruste der Eruption entgegensetzt, sehr groß ist, verläuft der Ausbruch meist explosionsartig; bei solchen Eruptionen werden oft feste Gesteinsbrocken mitausgestoßen. Ist dagegen nur wenig Gas im Magma, oder kann es leicht entweichen, weil es sehr dünnflüssig ist oder weil die Erdkruste zerbrochen ist, besteht die Eruption aus einem ruhigen Lavaausfluß.

Wie kommt es zur Eruption?

Bei einem Vulkanausbruch treten Gase und Magma durch einen Schlot aus, den sie sich mit mehr oder weniger Gewalt durch die Erdkruste gebrochen haben. Am oberen Schlotende entsteht eine trichter- oder kesselförmige Mündung, der Krater. Der Teil der Lava, der nicht abfließt, sondern nach seinem Austritt erstarrt, häuft sich rund um den Krater zu einem Kegel. So entsteht, nach vielen Jahren und mehreren Aus-

brüchen, ein Berg, der die Form eines Maulwurfhügels hat und nach jedem neuen Ausbruch weiterwächst. Der höchste Vulkanberg der Erde ist der Maunaloa auf Hawaii. Er erhebt sich zwar nur 4170 m über dem Meeresspiegel. Mißt man ihn aber von seiner Basis auf dem Meeresgrund an, ist er rund 10 000 m hoch, höher also als der Mount Everest.

Der Krater eines Vulkans befindet sich meist auf seinem Gipfel. Manche Krater sind nur wenige Meter groß, andere, besonders die von alten Vulkanen, sind bedeutend größer. Der größte aktive Krater befindet sich auf dem Gipfel des Aniakchak in Alaska; sein Durchmesser beträgt fast 9000 m.

Bei großen Vulkanen mit nur einem Krater kann es sein, daß das Magma sich eines Tages einen zweiten Ausgang sucht – einen neuen Krater. Dieser muß nicht auf dem Berggipfel liegen, sondern kann sich überall öffnen. Fast alle großen Vulkane haben mehrere Krater; der Ätna in Italien hat sogar über 260.

Wie kann man sich vor der Lava schützen?

Daß der Mensch den zerstörerischen Gewalten eines Vulkans nicht immer hilflos gegenüberstehen muß, erwies sich zum erstenmal am 23. Januar 1973 auf der isländischen Insel Heimaey: Unweit des seit langem untätigen Vulkans Helgafjell tat sich eine 1500 m lange Erdspalte auf, aus der gewaltige Mengen Asche und glühende Lava ausgestoßen wurden – ein Vulkan war geboren.

Die Insel wurde sofort von seinen 3500 Einwohnern geräumt; nur 200 Männer blieben, um zu retten, was zu retten war. Während die Lava sich langsam auf die kleine Hafenstadt Vestmannaeyjar zuwälzte, richteten Feuerwehrleute ihre Schläuche auf die glühende Masse, die sich dem Hafen bereits auf 200 m genähert hatte. Wo das kalte Wasser auf die Lava traf, wurde sie fest und schob sich nicht weiter vorwärts. So entstand ein Damm, vor dem sich die nachdrängenden Lavafluten stauten. Aber die wenigen Feuerwehrleute konnten nicht viel ausrichten – wochenlang quoll weiter Lava aus dem Riß und überflutete den Damm immer wieder – Stadt und Hafen schienen verloren.

Beim Ausbruch des Tolbatschik (Kamtschatka/Sowjetunion) im Jahr 1975 schossen glühende Felsbrocken in die Luft, während die 1000° C heiße Lava schnell den Hang herabfloß.

Mit Wasserwerfern kämpften die Männer von Heimaey (Island) gegen die Lavafluten des Vulkans Helgafjell. So brachten sie schließlich das glutflüssige Gestein zum Erstarren – die Stadt wurde gerettet.

Da holten die Isländer einen stärkeren Bundesgenossen zu Hilfe: Das Baggerschiff „Sandy" pumpte aus gewaltigen Rohren Meereswasser auf die Lava, außerdem legten die Isländer Rohrleitungen, aus denen weitere Wassermengen auf die vorrückende Glut gespritzt wurden. Tag für Tag, Nacht für Nacht warfen 43 Pumpen riesige Wassermengen auf den glühenden Strom.

Fast ein halbes Jahr – so lange spuckte der Helgafjell Lava und Asche – dauerte der Kampf, dann hatten die Menschen gewonnen. Die Lavaflut versiegte. Zwar waren dem neuen Vulkan zahlreiche Häuser zum Opfer gefallen, aber der größte Teil von Vestmannaeyjar blieb erhalten. Auch der Hafen war gerettet, und es war kein Toter zu beklagen.

Auf eine andere Art setzten sich im Frühjahr 1983 die Menschen am Fuß des Ätna zur Wehr: Als der Vulkan wieder einmal tätig wurde, als riesige Mengen glühender Lava bergab flossen und einige Dörfer zu zerstören drohten, riefen die Sizilianer Geologen und Sprengmeister zu Hilfe. Bevor noch der Lavastrom das erste Dorf erreichte, sollten sie der herabfließenden Lava ein neues Bett sprengen, das an dem bedrohten Dorf vorbeiführte. Gegner dieses Projektes fürchteten, daß die Erschütterungen der Sprengungen zu neuen Lavaergüssen führen könnten – aber sie behielten zum Glück unrecht. Die Lava wurde teilweise abgelenkt – kein Haus ging verloren.

Woran erkennt man einen drohenden Ausbruch?

Inzwischen haben die Vulkanologen – so nennt man Wissenschaftler, die sich speziell mit Vulkanen und ihren Eruptionen beschäftigen – große Fortschritte bei der Vorhersage drohender Ausbrüche gemacht. Auf fast allen großen bekannten Vulkanen in allen Teilen der Erde wurden Beobachtungsstationen eingerichtet, in denen Vulkanologen Tag und Nacht mit modernsten Geräten den Gefahrenherd belauern. Sie messen die Temperaturen des Gesteins, sie analysieren entweichende Gase auf ihre chemische Zusammensetzung, sie treiben unterirdische Gänge an den Vulkanschlot heran, von wo aus sie mit feinsten Horchgeräten alle Geräusche im Innern des Vulkans abhören und auswerten. Denn Temperatur, Gase und Geräusche können vielseitige Hinweise auf drohende Eruptionen geben.

Und die Geologen haben noch eine Waffe im Kampf gegen die Gefahr: Sie vermessen die Oberfläche des Berges Meter für Meter, Zentimeter für Zentimeter. Man hat festgestellt, daß sich ein Vulkan vor jedem Ausbruch ausdehnt, als ob er Luft hole – eine Auswirkung der Gase, die sich beim Abkühlen des nach oben steigenden Magmas entwikkelt. Mit Laserstrahlen, die auch noch Veränderungen von nur 3/100 mm registrieren, stellen sie fest, ob auch nur ein Steinchen seine Lage verändert hat.

Gefährlich nah wagt sich ein Wissenschaftler an den Krater des ausgebrochenen Vulkans Mauna Ulu auf Hawaii heran, um die Temperatur und die chemische Zusammensetzung der Gase und der Lava zu untersuchen.

Sind die Veränderungen sehr auffällig, droht eine Eruption. Den Ausbruch verhindern können die Wissenschaftler natürlich nicht; aber ihre Voraussagen haben zweifellos schon vielen Menschen das Leben gerettet.

15 000 m hoch schoß die Rauchwolke des Vulkans St. Helens im Staat Washington (USA) in die Höhe, als er im Mai 1980 explodierte. Dabei wurde die Spitze des 2950 m hohen Berges in die Luft gesprengt.

Wer überlebte den Ausbruch des Mont Pelé?

Wären die Vulkanologen schon vor 90 Jahren soweit gewesen, hätten sie wohl eine der größten Katastrophen in der Geschichte der Vulkanausbrüche vermeiden können: Am 8. Mai 1902, genau um 7.52 Uhr, explodierte der Mont Pelé auf der Karibik-Insel Martinique. Zwar hatte es in den Tagen davor schon eine Reihe von Vorwarnungen gegeben, dichte Schwefeldämpfe waren aus dem Krater aufgestiegen, Aschewolken stiegen gen Himmel, und überall lagen die Kadaver von toten Rindern und Vögeln herum, die an den giftigen Gasen erstickt waren. Die Zeitungen warnten vor einem baldigen Ausbruch, und tatsächlich verließen 2000 verängstigte Einwohner das Städtchen St. Pierre, das direkt am Fuß des Mont Pelé lag. Aber eben nur 2000 – 30 000 andere vertrauten ihrem Glück und blieben in der Stadt. Als am 7. Mai, also nur einen Tag vor der großen Katastrophe, die Nachricht eintraf, daß der Vulkan Soufrière auf der Nachbarinsel St. Vincent ausgebrochen sei und daß es dort 2000 Tote gegeben habe, waren die Leute von St. Pierre erleichtert. Die Erde hat sich ausgetobt, dachten sie, die Gefahr für unsere Insel ist vorbei. Sie irrten. Am frühen Morgen des 8. Mai hörte man kurz nacheinander drei heftige Explosionen, dann raste eine glühende Lavawoge den Berg hinab auf St. Pierre zu. Der Himmel verdunkelte sich, als sei es Nacht, dann hatte die Lava die Stadt erreicht. Die ungeheure Hitze entzündete alles, was brennen konnte, im Hafen explodierten viele tausend Rumfässer, die nach Europa verschifft werden sollten, die ganze Stadt ging in einem furchtbaren Feuersturm unter.

Von den 30 000 Menschen, die sich in der Stadt aufhielten, überlebten nur zwei: Ein junger Schuster, der sich gerade am Ortseingang aufhielt, konnte sich schwer verletzt in ein höher gelegenes Dorf retten; der andere Überlebende war ein Schwerverbrecher, der im Gefängnis eine langjährige Freiheitsstrafe absitzen mußte. Seine Zelle hatte kein Fenster, sondern nur eine kleine vergitterte Öffnung über der Tür. Zwar wurde es auch in der Zelle so heiß, daß Auguste Ciparis, so hieß der Mann, schwere Verbrennungen davontrug, aber wie durch ein Wunder überlebte er. Was für 30 000 Menschen den Tod bedeutet hatte, wurde für Ciparis zur Schicksalswende: Vier Tage nach der Katastrophe wurde er von Bergungstrupps gefunden und aus der Zelle befreit. Der Gouverneur begnadigte ihn, Ciparis genas und schloß sich einem großen Zirkus an. Als der „Gefangene von St. Pierre“ reiste er im Wohnwagen um die ganze Welt, allabendlich erzählte er in der Arena seine Geschichte und zeigte seine Brandwunden.

Nach Augenzeugenberichten gezeichnet: Die Explosion des Mont Pelé auf Martinique in vier Phasen. Oben rechts die Stadt St. Pierre nach der Katastrophe.

Wenn Stürme toben

Wir leben auf dem Grund eines ungeheuren Ozeans aus Gas. Der Ozean umhüllt den ganzen Erdball und ist bis 1000 km tief; wir nennen ihn „Atmosphäre“. Das Gas besteht aus 1/5 Sauerstoff und 4/5 Stickstoff; wir nennen es „Luft“.

Wie entsteht der Wind?

Dieses Gasmeer ist unruhig wie alle anderen Meere auch. Die Sonneneinstrahlung, die Drehung der Erde und viele andere Kräfte bewirken, daß die Luft ständig in Bewegung ist. Diese bewegte Luft nennen wir „Wind“.

Ohne Luft und Wind könnten wir nicht leben. Wir atmen die Luft ein und entnehmen ihr den Sauerstoff; die Winde, gleichsam die „Klimaanlage“ unseres Planeten, sorgen für den Austausch zwischen warmer Äquator- und kalter Polarluft, und sie bringen regenschwere Wolken zu unseren Äckern, auf denen ohne Wasser keine Pflanze wachsen würde. Luft ist also eine der wichtigsten Voraussetzungen für unser Leben. Aber sie kann auch zerstörerisch sein, zerstörerischer manchmal als alle anderen Naturgewalten.

Der britische Admiral Francis Beaufort stellte im Jahr 1806 eine Windskala, die nach ihm genannte Beaufort-Skala auf, in der er die bewegte Luft nach ihrer Geschwindigkeit in 12 „Stärken“ aufteilte. Schon bei Windstärke 9, das sind Windgeschwindigkeiten von 20 bis 24 m/sec, treten Schäden an Häusern und Dächern auf. Solche Winde nennen wir „Sturm“. Bläst der Wind aber mit 32 und mehr m/sec, sprechen wir von einem „Orkan“. Sein

Was ist ein Orkan?

Mit Geschwindigkeiten bis zu 200 Stundenkilometer raste im Sommer 1979 der Hurrikan David über Florida und Texas (USA). 17 Menschen starben, Hunderte von Häusern wurden zerstört.

Weg ist durch schwerste Verwüstungen gekennzeichnet.

Am gefährlichsten sind Stürme an den Ufern des Meeres und an den Mündungen großer Flüsse. Der Sturm schiebt das Wasser vor sich her, türmt es zu hohen, langen Wellenbergen auf, die er auf das Ufer zu drückt. Dort rasen die Wellen tief in das flache Küstenland hinein und zerstören alles, was der Sturm hat stehen lassen.

Auch Europa ist vor solchen Orkanen nicht sicher. Im Januar 1953 tobten über der Nordsee gewaltige Sturmwinde aus nördlicher Richtung. Weil das Wasser nicht durch den engen Ärmelkanal abfließen konnte, staute es sich vor den Küsten von England und Holland. An beiden Ufern stiegen die Fluten bis sechs Meter über normal, sie überfluteten die küstennahen Gebiete, viele Dämme brachen, fast der gesamte Südwesten Hollands wurde überflutet. In England schwemmten die Wogen Kaimauern, Seestege, Autos und sogar Häuser fort. In Holland konnten 68 000 Menschen geborgen werden – 1835 Menschen ertranken in den Fluten.

Neun Jahre später schlug ein Orkan in Deutschland zu. In der Nacht vom 16. auf den 17. Februar 1962 summierten sich zwei grundverschiedene, voneinander unabhängige Erscheinungen zur Katastrophe: Ein Orkan mit Windstärken von 11 bis 12 drückte von Nordwesten in die Mündung der Elbe – und diese führte zu jener Zeit gerade Hochwasser. Anstatt in die Nordsee abzufließen, wurde das Wasser nun elbaufwärts in den Flußlauf zurückgedrückt, wo es sich zu einer über sechs Meter hohen Sturmflut auftürmte. Auch hier brachen Dämme, Häuser stürzten ein, Fluchtmöglichkeiten wie Straßen und Bahnen standen unter Wasser. Viele Tausende, die von den Fluten eingeschlossen waren, wurden von Polizei und Bundeswehr sowie von freiwilligen Helfern, unter ihnen eine große Anzahl von Jugendlichen, vor dem nassen Tod gerettet. Für 315 Menschen kam jede Hilfe zu spät.

Nicht weniger gefährlich aber als der stärkste Orkan sind die Tornados und die tropischen Wirbelstürme, die in Amerika „Hurrikan“, in Asien „Taifun“ genannt werden.

Wie entsteht ein Tornado?

Alljährlich brechen etwa 900 Tornados über Amerika herein, vor allem im Gebiet von Texas und Ohio, durchschnittlich 114 Menschen fallen ihnen jährlich zum Opfer. Der bisher schlimmste wütete am 18. März 1925 drei Stunden lang über dem Mittelwesten der USA und tötete 689 Menschen.

Tornados beginnen dramatisch: Eine dunkle, drohende Gewitterwolke zieht herauf und taucht die Landschaft unter sich in ein merkwürdiges, gespenstisches Grün. Die Luft ist schwülwarm. Ein leichter Wind weht, Regen fällt, und die Temperatur sinkt binnen kurzem um 15 Grad. Dann senkt sich plötzlich aus einer Wolke ein schlauchförmiges Ge-

Als die Hamburger am 17. Februar 1962 aufwachten, standen weite Teile der Hansestadt unter Wasser. Viele Tausende waren von der Flut eingeschlossen und mußten mit Booten oder Hubschraubern gerettet werden.

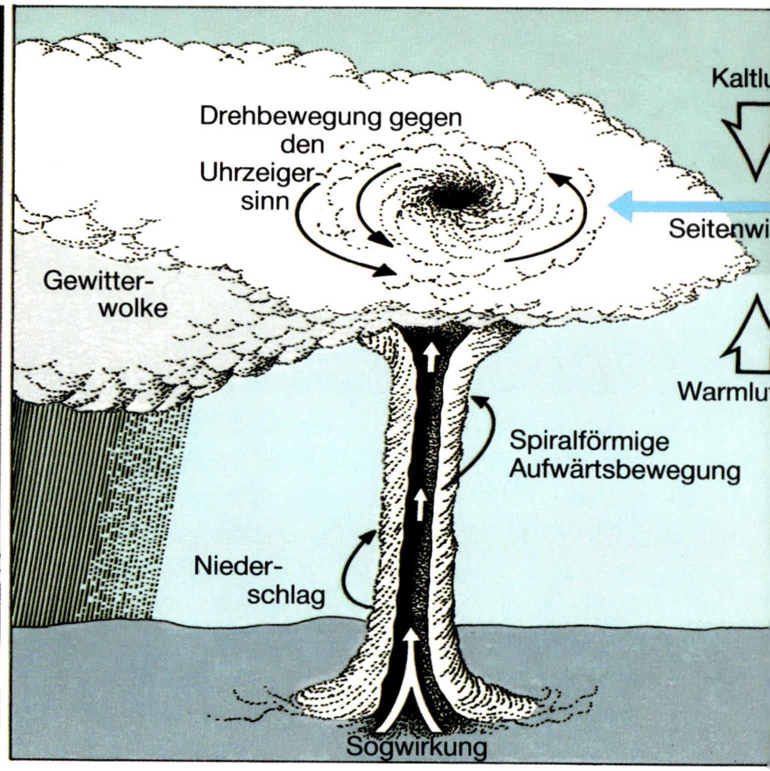

Am 5. Juni 1966 zog ein verheerender Tornado eine breite Schneise der Zerstörung durch den US-Staat Oklahoma. Die Zeichnung rechts zeigt einen Tornado im Schnitt: Solche Wirbelstürme entstehen, wenn Warm- und Kaltluft bei Seitenwind zusammentreffen.

bilde zur Erde nieder, ein rasend kreisender Luftwirbel, der schließlich den Boden erreicht. Nun färbt sich der eben noch helle „Rüssel" dunkel: Während der Tornado am Boden entlangzieht, reißen der als Sog wirkende Unterdruck in seinem Innern und die rotierenden Winde Schmutz und Trümmer hoch. Mit ohrenbetäubendem Fauchen wirbelt der Tornado hoch, was ihm in den Weg kommt, Bäume, Häuser, Sand, Autos – und Menschen.

Nach zehn Minuten ist alles vorbei. Der Windschlauch hat sich wieder in die Gewitterwolke zurückgezogen, am Boden hinterläßt er eine kilometerlange, aber nur 50 bis 400 Meter breite Schneise der Verwüstung.

Tornados entstehen, wenn zwei große Luftmassen verschiedener Temperatur und Feuchtigkeit aufeinanderprallen und sich die wärmere Luftschicht unter die kältere setzt. Die warme Luft steigt normalerweise wie ein Ballon auf, kühlt sich dabei ab und bildet Wassertropfen, die als Regen zur Erde fallen. Wenn aber ein Seitenwind dazukommt, der die aufsteigende Warmluft seitlich ablenkt, beginnt diese, sich mit Geschwindigkeiten bis zu 450 km/h um die eigene Achse zu drehen. Dabei wird der Wirbel immer enger und schneller wie ein Eisläufer, der sich schneller dreht, wenn er die Arme an den Körper legt.

Gibt es in Deutschland Tornados?

Auch in Deutschland gibt es Tornados. Sie sind jedoch so klein und so ungefährlich, daß nur selten etwas geschieht. Wer hat noch nicht gesehen, wie ein kleiner Wirbelwind, eine Windhose, über einer Straße oder einem Acker einige Blätter hochreißt, die wie Schmetterlinge über dem Boden tanzen? Es kann aber auch schlimmer kommen: Am 10. Juli 1968 starben in Pforzheim zwei Menschen, 300 wurden verletzt, als eine Windhose nach einem drückend heißen Tag 1700 Gebäude beschädigte, acht wurden völlig zerstört. Und am 5. Mai 1973 riß in Kiel eine Windhose – nach einem Nachmittag mit Hagelschauern und Wolkenbrüchen – Hausdächer empor und drückte Fensterscheiben aus einigen Autos. Ein Mensch wurde von herumwirbelnden Trümmern erschlagen.

Noch schlimmer als Tornados sind Hurrikane oder, wie sie in Asien genannt werden, Taifune. Amerikanische Wissenschaftler haben ausgerechnet, daß die Energie eines starken Hurrikans ausreichen würde, um ganz Westeuropa fünf Monate lang mit elektrischem Strom zu versorgen.

Diese tropischen Wirbelstürme entstehen meist im Sommer über dem Atlantik oder Pazifik, wenn das warme Wasser die Luft aufheizt. Mit 500 bis 900 km haben sie einen wesentlich größeren Durchmesser als die Tornados, die Umlaufgeschwindigkeit ihrer Wirbel kann bis 500 km/h betragen. In dieser unglaublichen Geschwindigkeit liegt ihre zerstörerische Kraft.

Was ist das Auge des Orkans?

Im Mittelpunkt jedes tropischen Wirbelsturms befindet sich das manchmal mehrere Kilometer breite „Auge“, das ist die Mittelachse, um die die rasenden Winde rotieren. Im Auge ist es fast windstill und sehr warm. Dieses Auge wurde schon vielen Menschen zum Verhängnis: Als sich ein Hurrikan ankündigte, suchten sie einen sicheren Unterschlupf, um den Wirbelsturm zu überstehen. Wenn er dann plötzlich abflaute und einer fast totalen Windstille wich, glaubten viele, die Gefahr sei vorüber und verließen ihr Versteck. Das war ihr Verderben: Denn nun kam die rückwärtige Hälfte des Wirbelsturms, er erfaßte die Unglücklichen, wirbelte sie hoch und schmetterte sie einige Meter oder noch weiter entfernt wieder zu Boden. Nur wenige überlebten ihren Irrtum.

Wie Erdbeben sind auch Taifune und Hurrikane am gefährlichsten, wenn sie sich mit Wasser verbünden. Ein tropischer Wirbelsturm, der sich vom Meer her einer Küste nähert, schiebt gewaltige Wassermengen vor sich her. Verbunden mit den sintflutartigen Regenfällen, die oft mit Wirbelstürmen einhergehen, rast das Wasser als Sturmflut über das Land und zerstört alles.

Einer der schwersten Hurrikane vernichtete am 8. September 1900 die amerikanische Hafenstadt Galveston. Die Stadt lag auf einer langen, schmalen Landzunge zwischen der Galveston Bay und dem Golf von Mexiko, an ihrem höchsten Punkt nur 1,40 m über dem Meeresspiegel; zwei Brücken verbanden den Ort mit dem Festland.

Satellitenaufnahme aus 30 000 km Höhe: Im Golf von Mexiko und im mittleren Pazifik toben zwei Hurrikane, über den USA ist gutes Wetter und klare Sicht. Die als weiße Linien sichtbaren Staatsgrenzen auf den beiden amerikanischen Halbkontinenten wurden nachträglich eingezeichnet.

Der Unglückstag begann mit starkem Regen, dem bald ein heftiger Sturm folgte. Da das Barometer immer tiefer sank, versuchte der Leiter des örtlichen Wetterdienstes, die Einwohner zum Verlassen der Insel zu bewegen – vergeblich. Als nachmittags der Hurrikan kam, war es zu spät. Wie eine riesige Walze jagte er mit Windgeschwindigkeiten von 200 km/h durch die Wege und Straßen. Telefonmasten knickten um, Häuser wurden zertrümmert und erschlugen zahlreiche Menschen, die ihr Heil nun doch noch in der Flucht suchten. Aber es gab kein Entkommen: Beide Brücken waren eingestürzt. Und was der Orkan hatte stehen lassen, vernichtete nun das Hochwasser, das sich über die Stadt stürzte.

Wie wurde Galveston zerstört?

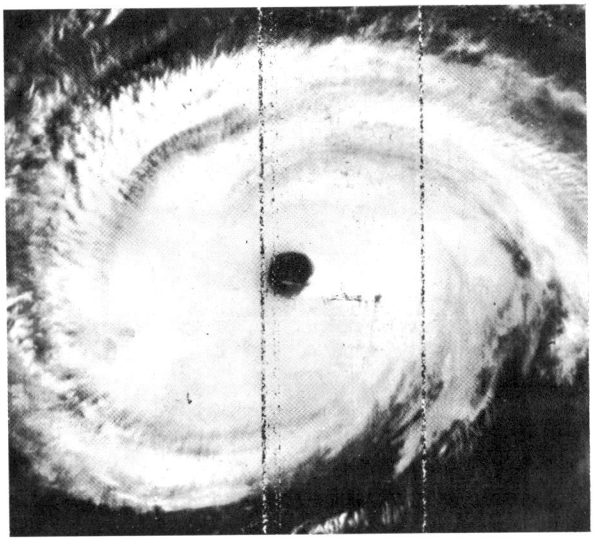

Das Auge eines Hurrikans über dem Atlantik, aufgenommen von einem Wettersatelliten in 5000 km Höhe und von der Sternwarte Bochum empfangen.

Nach sieben Stunden ebbte der Hurrikan ab – zu spät für Galveston. Die blühende Hafenstadt hatte sich in einen einzigen Trümmerhaufen verwandelt, 5000 Menschen waren verletzt, 6000 tot. Viele von ihnen hat man nie gefunden.

1959 verwüstete ein Taifun die japanische Stadt Nagoya, es gab mehr als 5300 Tote; und auch die wohl größte und folgenschwerste Naturkatastrophe, die in geschichtlicher Zeit über die Erde hereinbrach, wurde von einem tropischen Wirbelsturm verursacht: Im November 1970 bildete sich im Golf von Bengalen ein Taifun und raste nordwärts, genau auf das Mündungsdelta des Ganges zu. Die flußaufwärts gedrückten Wasserfluten des heiligen Stroms im Verein mit den Wolkenbrüchen, die den Wirbelsturm begleiteten, überschwemmten 800 000 qkm, das ist das dreifache Gebiet der Bundesrepublik. 200 000 bis 300 000 Menschen kamen in dem tobenden Taifun oder in den Fluten um.

Hurrikane und Taifune sind seltener als ihre kleinen Brüder, die Tornados. Jährlich entstehen etwa 100, ein Zehntel davon über oder rund um Nordamerika. Dort hat man 1953 begonnen, ihnen kurze und leicht merkbare Mädchennamen zu geben – in der Folge des Alphabets und jedes Jahr wieder mit A beginnend. Seit 1979 bekommen die Wirbelstürme auch Männernamen. Die ersten drei Stürme des Jahres erhielten die Namen Anna, Bob und Claudette.

Diese Kinder wurden mit einem Boot gerettet, aber viele Einwohner des kleinen Dorfs in Bangladesch kamen bei einem Taifun mit Wolkenbrüchen im Jahr 1970 um.

Der Hafen eines kleinen Städtchens an der Ostküste der USA nach dem Durchzug eines Hurrikans.

Wie werden Hurrikane überwacht?

Inzwischen hatten die Menschen begonnen, sich gegen die tödlichen Stürme zu wehren. Jede verdächtige Wolkenbildung – wo immer sie entstehen mag – wird von Wettersatelliten fotografiert und gemeldet, Wetterflugzeuge steigen auf und fliegen bis in das Auge des Orkans, um genauere Daten zu erhalten; diese und andere Meßwerte werden in Computern gespeichert, um den Weg und die Dauer des Wirbelsturmes berechnen und die Bewohner der gefährdeten Gebiete rechtzeitig warnen zu können.

Auch an der Nordsee hat man begonnen, sich vor den verheerenden Folgen von Sturmfluten zu schützen. Nach den Katastrophen von 1953 in England und Holland und der Hamburger Sturmflut von 1962 wurden die alten Wälle und Deiche verstärkt und erhöht, neue Befestigungen wurden gebaut, neue Warnsysteme eingerichtet.

Die vielen Millionen Mark, die dort ausgegeben wurden, haben sich gelohnt: Im Jahr 1976 raste ein Orkan aus Nordosten mit über 160 km/h über die Nordsee und verhinderte den Abfluß des Gezeitenstroms. Als die nächste Flut kam, stieg das Wasser noch mehrere Zentimeter höher als in den Jahren 1953 und 1962. Aber die Katastrophe blieb aus. In den gefährdeten Gebieten wurden die Einwohner über Radio, Fernsehen und Lautsprecher aufgefordert, sich in Sicherheit zu bringen; zwar brachen einige Dämme, eine Eisenbahnlinie wurde überflutet und einige Häuser weggespült, aber in der Bundesrepublik gab es keine, in Großbritannien nur 20 Todesopfer.

„Die Sintflut" von Michelangelo aus der Deckenfreske in der Sixtinischen Kapelle im Vatikan zu Rom. In der Mitte Noahs Arche, auf deren Planken einige Menschen vergeblich Rettung vor dem Ertrinken suchen.

Wenn das Wasser kommt

Welches ist die erste bekannte Naturkatastrophe?

„In dem 600. Lebensjahr Noahs brachen alle Brunnen der großen Tiefe auf und taten sich die Fenster des Himmels auf und ein Regen kam 40 Tage und 40 Nächte. Und die Wasser nahmen überhand und wuchsen so sehr auf Erden, daß alle hohen Berge unter dem ganzen Himmel 15 Ellen hoch bedeckt wurden. Da ging alles Fleisch unter, das sich auf Erden regte, an Vögeln, an Vieh, an wildem Getier und allem, was da wimmelte auf Erden, und alle Menschen. Und die Wasser wuchsen gewaltig auf Erden 150 Tage lang."

So heißt es über die Sintflut in der Bibel im Ersten Buch Moses, und ähnliches wird berichtet in den Sagen und Gesängen fast aller Natur- und Kulturvölker unserer Erde. Heute zweifelt niemand daran, daß diese Berichte auf einer tatsächlichen Begebenheit beruhen, auf einer ungeheuren Überschwemmung vielleicht schon in vorgeschichtlicher Zeit. Die Sintflut war wohl die erste große Naturkatastrophe, die die Menschheit je betroffen hat.

Überschwemmungen sind auch heute

eine immer drohende Gefahr. Am 15. August 1952 wurde das englische Küstenstädtchen Lynmouth und Teile seines Hafens nach außerordentlich starken Regenfällen von einer Überschwemmung heimgesucht. Eine – von dem Regen verstärkte – ungewöhnlich hohe Flut drang kilometerweit in das Binnenland vor und zerstörte zahllose Straßen und Gebäude. Die Flut entwurzelte Bäume und spülte Felsen in das enge Tal, so daß die Wassermassen dort gestaut wurden. Zahlreichen Urlaubern, die in den Hotels und Pensionen an den Ufern eines kleinen Flusses in diesem Tal schliefen, waren alle Fluchtwege abgeschnitten. Als morgens die Dämme brachen, richteten die Wassermassen noch größere Verwüstungen an. 34 Menschen kamen ums Leben.

Und noch in jüngster Zeit suchte eine kleine Sintflut das französische und spanische Baskenland an der Biskaya heim: Am 26. August 1983 entlud sich über der Stadt Bilbao ein schweres Gewitter, gefolgt von einem besonders schweren Wolkenbruch. Die Regentropfen waren bis zu einem Zentimeter groß. Die Flüsse, die in dieser Niederung in den Atlantik münden, traten über die Ufer, das Land wurde kilometerweit überschwemmt. Straßendecken wurden aufgerissen, Brücken und Häuser stürzten ein, auf den Weiden und in den Ställen ertrank das Vieh.

Fünf Tage lang tobte das Unwetter, und das ganze Gebiet stand meterhoch unter Wasser. Jedes verfügbare Wasserfahrzeug, vom Schlauchboot über Ruderboote und Amphibienfahrzeuge bis hin zu den Landungsschiffen der Marine sowie die gesamte Fischereiflotte der Umgebung wurden eingesetzt, um von den Fluten eingeschlossene Menschen zu retten. Hubschrauber flogen Tag und Nacht und bargen Einwohner von den Dächern ihrer Häuser, aus Baumwipfeln und von den Kuppen kleiner Hügel. Für 49 Menschen kam jede Hilfe zu spät – sie ertranken.

Schwere Gewitter und Wolkenbrüche verwüsteten im Sommer 1983 die baskische Hauptstadt Bilbao (Spanien) und seine Umgebung. 49 Menschen ertranken in den Fluten.

Überschwemmung in Wales (Großbritannien); Holzschnitt aus dem Jahr 1607.

Was geschieht, wenn das Eis an den Polen schmilzt?

Neben Stürmen, Erdbeben und Vulkanen ist also auch das sonst so lebensnotwendige Wasser manchmal unser Feind. Und auch die größte denkbare Naturkatastrophe, gegen die alle bekannten Überschwemmungen fast unbedeutend wären, droht vom Wasser: Während der letzten Eiszeit, die vor 15 000 bis 10 000 Jahren zu Ende ging, waren weite Teile der nördlichen Halbkugel von Gletschern bedeckt. Norddeutschland lag herunter bis zur Linie Köln – Kassel – Dresden unter dikkem Eis. Wenn nun, was einige Forscher für wahrscheinlich halten, eine neue Eiszeit kommt, würden wieder weite Teile unserer Heimat unter Eis verschwinden. Aber auch das Gegenteil ist denkbar: Auf jede Eiszeit folgt eine Warmzeit, also eine Periode mit warmem Klima. Die Wärme würde die gewaltigen Eismassen der Pole und der Gletscher in den Hochgebirgen abschmelzen, das Schmelzwasser würde bergab in die Meere fließen, und der Meeresspiegel würde sich weltweit um etwa 55 m heben. Für uns würde das bedeuten, daß ganz Norddeutschland mit Hamburg und Bremen, mit weiten Teilen Niedersachsens und Schleswig-Holsteins unter Wasser verschwindet. Selbst Köln liegt dann noch auf dem Grund eines flachen Wattenmeers.

Verängstigt drängen sich Schafe auf einer Insel, die bei einer Überschwemmung 1960 in England entstand.

Wenn der Regen ausbleibt

Wo gibt es große Dürren?

Die Kinder saßen schweigend in einer Ecke der Bambushütte zusammengedrängt. Ihre Augen glänzten im Fieber, die Haut hing schlaff um winzige Ärmchen und Beinchen herum, die Bäuche waren zu großen Kugeln gebläht.

Bei ihnen saßen ihre Mütter. Wortlos bettelten sie jeden Vorübergehenden um Nahrung an, zum Sprechen fehlte ihnen die Kraft. Die Mütter und ihre Kinder warteten schweigend auf den Tod. Solche grausigen Bilder konnte man 1973 und dann 1978 immer wieder sehen – in der Sahelzone südlich der Sahara, in Äthiopien, in ganz Mittelafrika und in einem weiten tödlichen Bogen bis nach Indien. Damals war eine der furchtbarsten Katastrophen über die Menschen gekommen – die Dürre.

Dürrekatastrophen kommen leise, fast heimlich. Es geschieht nichts Furchtbares wie bei Erdbeben oder Vulkanausbrüchen, es geschieht nichts – nur der Regen bleibt aus. Als der „trockene Tod" über die Sahelzone kam, hatte es schon fünf Jahre lang fast gar nicht geregnet – und 1973 blieb der Regen ganz aus.

Mit der Trockenheit kam der Hunger. Es gab kein Fett, keine Milch, kein Mehl, kein Fleisch. In den Flüssen faulte nur ein kläglicher Rest verseuchten Wassers. Die Ernten verdorrten, das Vieh – Rinder, Schafe, Ziegen – fand kein Futter und verendete täglich zu Tausenden. 40 Millionen Menschen waren vom Hungertod bedroht, allein in der äthiopischen Provinz Wollo starben täglich 200 Menschen. Die genaue Todesziffer kennt niemand.

Zur Dürre kamen Habgier und Eigennutz der Menschen. Räuberbanden überfielen die hungergeschwächten Dörfler, sie stahlen und plünderten, was sie fanden; wer sich ihnen widersetzte, wurde erschlagen.

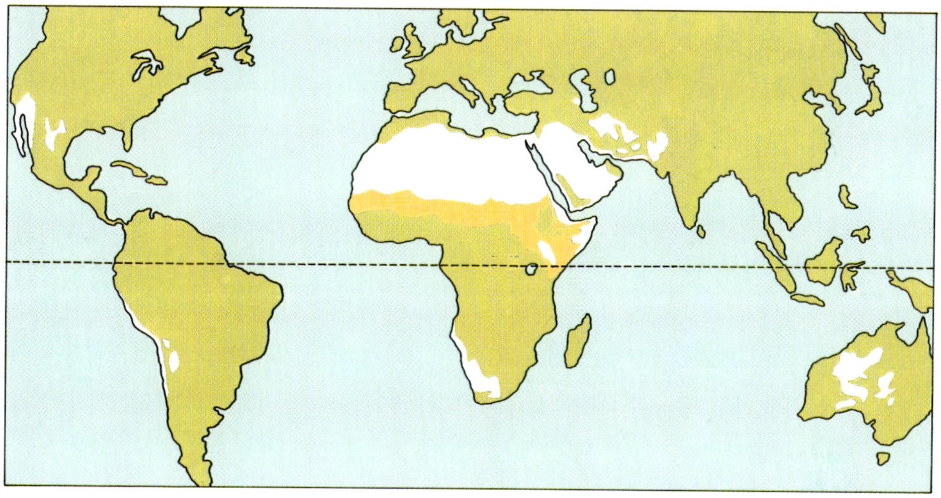

Die Karte zeigt die heißen Trockenwüsten der Erde (weiß). Die Sahelzone (gelb) am Südrand der Sahara ist wegen des dort häufig auftretenden Wassermangels besonders stark von Dürrekatastrophen bedroht.

Nicht besser ging es jenen, die vor der Dürre und den Räubern in den noch feuchten Süden flohen: Sie wurden von den Einheimischen als Konkurrenten angesehen; viele Zuwanderer starben eines gewaltsamen Todes.

Dürrekatastrophen drohen überall, wo der Mensch sich an den Rändern der Wüste angesiedelt hat und wegen fehlender Flüsse den Regen zum Ackerbau braucht. So kam es auch 1983 zur großen Dürre in Südafrika. Seit 300 Jahren hatte es dort eine solche Dürre nicht

Dieses äthiopische Mädchen konnte mit seinen Eltern vor der Dürre in ein Notaufnahmelager der Regierung fliehen. Viele andere Bewohner der Sahelzone waren für die Flucht bereits zu schwach – sie kamen in ihren Dörfern oder auf dem Weg in wasserreichere Gebiete um.

mehr gegeben. Wie in der Sahelzone zehn Jahre zuvor kam zunächst das Vieh um, dann wurden die Äcker unfruchtbar. Mehr als die Hälfte Simbabwes, des früheren Rhodesiens, drohte zur Wüste zu werden. Das Land, das sonst Getreide exportierte, mußte Lebensmittel einführen.

Warum verließen die Elefanten ihre Futterplätze?

Auch Wasser wurde knapp. In Zeiten großer Dürre hatte früher Südafrika ganze Eisenbahnzüge mit Trinkwasser in die benachbarten Länder gebracht. Nun aber konnte der Burenstaat nicht helfen – er brauchte das wenige Wasser selbst.
Auch das Wild blieb von der Dürre nicht verschont. Riesige Elefantenherden wechselten an den Victoriafällen über den Sambesi nach Sambia, weil sie in Simbabwe kein Futter mehr fanden. Die sambischen Wildhüter beobachteten diese Wanderung mit Sorge: Die Tiere brachen Bäume um, zerstampften die kleinen Bananenplantagen der Bauern und zertrampelten Wasserstellen und Brunnen. Damit der Mensch überlebt, mußten sie abgeschossen werden.
Um die größte Not zu lindern, schickten die Vereinten Nationen mehrere Tausend Tonnen Lebensmittel in das hungernde Land. Aber für viele kam diese Hilfe zu spät – sie waren verhungert.

*

Wir Menschen können zwar zum Mond fliegen, und wir wissen, ohne dagewesen zu sein, gut auf unseren Nachbarplaneten Bescheid. Aber mit den Naturgewalten unseres eigenen Planeten werden wir nicht fertig. Unsere unruhige Erde ist stärker als wir.

WAS IST WAS
BAND 51
Muscheln und Schnecken
Tessloff
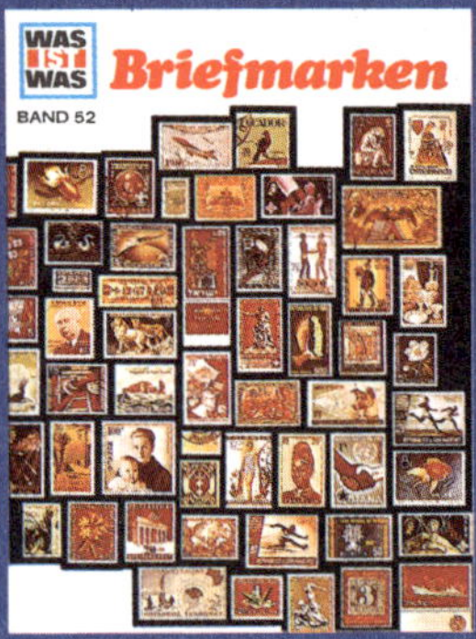
WAS IST WAS
BAND 52
Briefmarken

WAS IST WAS
BAND 53
Das Auto
Tessloff

WAS IST WAS
BAND 54
Die Eisenbahn
Tessloff

WAS IST WAS
BAND 55
Das Alte Rom
Tessloff

WAS IST WAS
BAND 61
Pyramiden
Tessloff

WAS IST WAS
BAND 62
Die Germanen
Tessloff

WAS IST WAS
BAND 63
Foto und Film
Tessloff

WAS IST WAS
BAND 64
Die Alten Griechen
Tessloff

WAS IST WAS
BAND 65
Die Eiszeit
Tessloff

WAS IST WAS
BAND 71
Seeräuber

WAS IST WAS
BAND 72
Heimtiere
Tessloff

WAS IST WAS
BAND 73
Spinnen
Tessloff

WAS IST WAS
BAND 74
Naturkatastrophen
Tessloff

WAS IST WAS
BAND 75
Fahnen und Flaggen
Tessloff

WAS IST WAS
BAND 81
Die Sieben Weltwunder
Tessloff

WAS IST WAS
BAND 82
Gladiatoren
Tessloff

WAS IST WAS
BAND 83
Höhlen
Tessloff
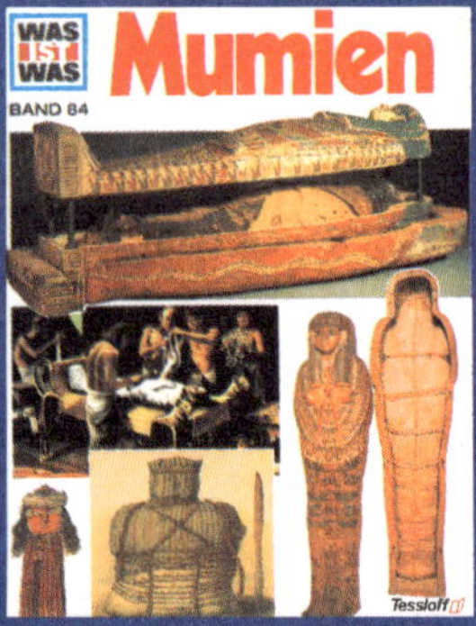
WAS IST WAS
BAND 84
Mumien
Tessloff

WAS IST WAS
BAND 85
Wale und Delphine
Tessloff

WAS IST WAS
BAND 91
Brücken
Tessloff

WAS IST WAS
BAND 92
Papageien und Sittiche

WAS IST WAS
BAND 93
Olympia
Vom Altertum bis zur Neuzeit
Tessloff

WAS IST WAS
BAND 94
SAMURAI
Ritter des Fernen Ostens
Tessloff

WAS IST WAS
BAND 95
Haie und Rochen
Tessloff